都市再生

的20個
故事

20

Stories

目　錄

DNA / 1   永續發展的核心價值

DNA / 2   城市的願景

DNA /3 城市的智庫

DNA /4 新形態的民眾參與

我們需要一個新的城市發展論述

林崇傑　臺北市都市更新處處長

當舉國上下將都市更新視為城市救贖的機會，當全民將都市更新視為財富積累的投機工具時，我們是必須真正重新面對都市發展的真實需要，以及都市更新的困局限制了。

在臺灣，都市更新被當成城市發展的主要政策。上從國家定位將其視為振興產業的政策機制，下到地方城市將之做為市容改造與環境提升的手段，民間房屋市場則將其視為一種創價保值的經濟工具。在這樣的社會結構之下，都市更新自然被簡化為都市更新案件審議的效率與完成的數量。於是，單一基地的重建、容積獎勵鼓勵開發者投入、權利變換分配所有權人的開發利潤，成為機制設計的主要邏輯。在以成就民間更新市場為主軸的思維下，公有土地自然成為配合開發的角色。

在這個機制設計下潛藏著一個基本限制與兩個命題困局。機制的邏輯限制是，以民間市場開發為主，因為只能用容積獎勵誘導改建，而且更新發動者主要來自外來投資者，「彼此缺乏信任」與「追求更多利潤」成為機制的基本邏輯。在漫長的協調溝通之中，更多的權益爭取與分配的協商溝通成為最大的課題，生活品質與真實需要反而被壓縮推擠至考量之外。

至於兩個困局，其一是我們的都市更新機制只考慮單一基地的重建，對於基地所在地區的公共環境，乃至於整個城市的發展，在法令與制度上毫無著墨。以至於，全世界都已經從都市更新轉型為地區性的都市再開發、再邁向全市整體性的都市再發展與都市再生之時，我們仍停留於單一基地的重建思考，並且耗費龐大的行政成

本在處理民間私權之間的爭執。其二是對於公有土地的態度，為了協助民間更新的推動，只有被動的配合參與，毫無公有土地應該做為城市競爭的重要資源利用的主動思維。同時，公有土地被當成政府財富創造的工具，追求最大的收益成為土地利用的最高指導，使公有土地喪失原本可以做為城市轉型的社會支持基礎。

世界正在改變，城市之間的競爭也益趨白熱化，現有都市更新用以協助市民改善住屋的安全、舒適、友善與節能仍有其必要。但是，我們必須投以更大的關注在都市體質的改造、城市轉型的努力之上；讓創意的人才得以留住、讓知識的精英願意移居此地。誠如台北創意城市策略顧問蘭德利（Charles Landry）所言：「當新的財富創造模式開始轉變，我們就需要新的社會秩序、新的學習方式、新的技術結構、新的硬體環境與新的設施。」

這是一本多年來我們與世界諸多城市的經驗請益與城市對話，希望為正在面臨變化世局的臺灣城市提供一個深切的對照反省與學習借鏡。

二十種關於城市脫胎換骨或獲得再生的方法

李清志　建築學者、專欄作家、廣播主持人

今年最具話題性的殭屍電影「末日 Z 戰」（World War Zambie），故事描述地球陷入殭屍病毒的快速傳染，世界上各大城市幾乎很快就陷入混亂恐怖的殭屍末日場景，布萊德比特所飾演的主角，在聯合國組織的指派下，前往世界上幾個城市，去尋找殭屍病毒的解藥，他奔波於費城、韓國漢城、耶路撒冷等城市，看見不同城市對抗殭屍病毒的方法，並且試圖找出最好的殭屍疫苗。

世界上許多城市也正處於一種「殭屍化」的危機狀態，猶如一具逐漸老邁且破敗的軀殼，許多地方似乎開始產生組織壞死的現象，醜陋且缺乏活力與生機；有些地方有如感染殭屍病毒的身軀，開始異變扭曲、腫脹流膿，逐漸控制了城市的正常發展。人們雖然抱怨，卻也無奈地像病菌般在敗壞的病體裡繼續繁衍生長；許多市政決策者與專家們想進行開刀手術，卻似乎無法真正對症下藥，只是頭痛醫頭、腳痛醫腳，虛擲龐大的工程預算，竟看不出任何果效，整座城市只有慢慢地往死亡沈淪的世界走去！

面對世界上許多城市「僵屍化」的現象，許多都市設計專家試圖在實驗室裡，發展出可以停止僵屍化或重生的祕方，這些祕方在不同的城市裡實驗後，有的成功，有的失敗，不論如何，這些祕方疫苗都是城市更新發展的重要經驗，也為其他城市帶來重生的希望。

這本書裡提及了二十種關於城市的脫胎換骨或死而復生的方法，其中紐約高架公園（The High Line Park）的成功設置，帶來西曼哈頓的城市復甦，整個故事令人十分動容！最叫人訝異的是，催生這項工程的不是市政當局，而是一位鐘錶商人與一位作家，他們秉持著對於城市老舊鐵道的熱愛，極力主張保留高架鐵道，改造成一座綿延一英里長的帶狀公園，為此他們甚至成立了「高架公園之友」的民間組織，後來紐約新任市長彭博，看見了這項工程的未來價值，轉而支持這項富創意的想法，也促使這項計畫的真正落實。

這個案例讓我們看見一座城市的公共討論是十分寶貴的，「我們永遠不能低估，一些人、一個遠見，以及堅持的精神，可以為一個城市帶來多大的改變。」從民間帶出來的創意想像，才是市民們最喜歡，也最符合民眾利益的方案；政府單位閉門造車，好大喜功的城市大工程，在民主時代

裡，往往反而是城市災難的開始。

不過這些城市成功的藥方，並不見得就是萬靈丹。其他城市的疫苗或藥方，並不一定適用於我們自己的城市；每一座城市都必須經過公民討論與自行試驗，才能找出適合於自己城市的藥方及疫苗，因此我們的城市也必須有更多公民參與都市設計的機制，讓這座城市不會只是淪為政客與開發商利益交換的工具，而能真正創造出屬於我們自己的美好城市！

在這個創意的年代，城市的改變其實也是需要創意的，創意增加了城市的價值，同時也增進了城市居民的生活。我們很容易沿襲過去城市創造價值的方式，利用房地產的投資，作為都市更新的手段，事實上，還有許多更富創意，更有價值的都市改造方法。從這本書中可以看見，不論是首爾清溪川的整治、紐約高架公園的設置、柏林廢棄公寓的創業基地、騰柏霍夫機場的再開發，以及阿姆斯特丹由自來水廠蓋造成的模範社區等等，都顯示出創意對於城市再生的重要性。

創意可以說是治療殭屍城市的最珍貴藥方，而我們的城市最缺乏的正是創意。

閱讀這本書，讓我對書中這些城市充滿嫉妒之意，我多麼希望我們的城市也可以有更多富創意的城市更新作為，不論是新生南路的瑠公圳再生，亦或是新生高架橋的拆除，甚至是松山機場的廢除再開發等等，我們期待這座城市可以有更多令人振奮的城市創意，可以讓這座城市脫胎換骨，獲得新的生命力！

不過我還是要提醒大家！我們永遠不能寄望別人的解藥，也不能寄望超人般的市長來拯救我們的城市，我們必須積極參與城市的改造運動，才能拯救我們自己的城市免於「殭屍化」的命運，打造出令我們自己可以安居樂業的生活空間！

邁向新世代的都市更新

曾梓峰　高雄大學創意設計與建築學系副教授

21 世紀的前十年，國際上都市發展的經驗，充滿了衝突與辯證！就像 100 年前建築的現代主義萌芽時期的爭論一般，對都市發展的看法百家爭鳴，新典範蓄勢待發。

臺灣的都市發展顯然也很熱鬧，都市更新幾乎主宰了都市發展的論述。然而都市更新背後財富再分配所導致的社會衝突，卻揭露了台灣這份熱鬧背後的貧瘠。被房地產價值最大化所綁架的社會集體意識，令人沮喪地吸盡了社會的能量，讓都市更新成為創造都市容積，打造社會財富代言豪宅之代名詞。

國際十城這本書，在這個關鍵時刻出版，有其獨特的時代意義。我們或許不敢許以震廢揭弊之期待，但這本書至少能以一股清流之姿，拓展了這個時代百家齊放的光譜。

這本書介紹了十個城市，總共 20 個有關於當前最「前瞻的、進步的」都市再發展的關鍵基因。這些關鍵基因是經得起檢證的。這十個城市在當前國際城市發展的經驗及論述上，以優異的成果證明了這 20 個關鍵基因的重要性。臺北市都市更新處

在過去五年，透過國內嫻熟國際都市發展的學者專家，有計畫的舉辦都市發展經典論壇，有系統的檢視、閱讀這些不同國家的經驗，並同時邀請這些國際城市最重要的關鍵人物來臺親自解說與對話，積累了這本書最基礎的文本。

基本上，這些城市說的，都是「都市更新」的故事。人類文明建構了都市化的結果，2008 年聯合國宣佈了人類首度都市人口超過了鄉村人口。預計到 2050 年，地球上將有 70％的人口住在都市。都市的另一個重要面向，是不斷面臨都市空間結構的變遷。隨著經濟、社會、政治以及環境的改遷，科學與工程技術，以及都市居民生命價值和生活品質的提升，形成了不斷都市更新的需求。當前主宰都市發展論述的永續發展訴求，更揭露了人類都市必須同時面對有限資源，卻必須尋求確保人類文明和生活能持續發展的嚴苛挑戰。

國際十城的每一個都市，都揭示了他們面對這種嚴苛挑戰所付出的努力，以及所展現的前瞻智慧和大膽的創新。本書所列出的 20 個關鍵基因，從真實面對各自都市所遭逢的困難中產生，也共同構成了當前都市新典範的光譜。這些關鍵基因涵蓋

了城市在追求永續發展，回歸生活品質，以及不同時代和族群生命價值追求的核心理想。都市治理無論經濟振興、氣候變遷或是形成城市的戰略思考，民眾是都市發展行動的核心。民眾參與在這些不同的城市經驗中，超越了傳統民意調查與民眾說明會的做法，成為全新向度的夥伴及共同承載的關係。在福祉社會全新幸福感的詮釋當中，都市發展及公共治理的理念、技術、程序、方法，被大量的創新和改造，透過合作、靈活彈性的程序，共同創造均衡的社會發展，也創造出了都市發展的新形式、新內涵與新動力。

特別值得一提的是，為了更有效地引介這些國際都市發展的創新經驗，這本書放棄了傳統教科書式的撰寫策略。以過去城市經典論壇的材料為基礎，這本書透過記者到國外這些城市進行親自的訪問再進行撰稿，這些重要的城市發展關鍵基因，因此是以溫馨感人、回歸生活以及易懂的方式被書寫。這種方式更提升了這本書的價值，讓一般民眾能夠在日常生活的尋常意識與認知中，深入淺出的掌握這些有關城市發展的重要關鍵。

臺灣的都市更新基本上是個死衚衕，房地產價值的追求以及超標的容積，並無法引導我們的城市邁向永續發展。國際十城的城市發展案例，揭示了不同的城市發展視野與經驗，期待這本書能夠發揮其影響力，為城市發展的轉型打下紮根的基礎。

從都市更新到都市再生

林盛豐　實踐大學建築設計系副教授

這本書說了 10 個城市的 20 個故事——20 個有關都市轉型再生的故事。這 10 個城市包括德國柏林、漢堡、荷蘭阿姆斯特丹、西班牙巴塞隆納、英國倫敦等 5 個歐洲城市，以及：紐約、舊金山、西雅圖 3 個美國城市，還有日本東京和韓國首爾 2 個亞洲城市。

這些城市與臺北市政府都市發展局有長時間的往來，關係相當深厚。其中許多高階決策者曾應邀來臺演講，舉辦工作坊，並且留下很多資料。都更處處長林崇傑希望將這些城市有關都市再生的寶貴經驗整理成冊，提供臺灣的專業人士及關心都市發展的市民參考。為此，我們編輯群透過資料研究與採訪，寫出了 20 個都市再生的故事。這 20 個故事，可說是當前世界主要城市有關都市再生的「best practices」。

「best practices」，即最佳範例，是企業管理科學上的一個名詞，指在某一特定專業內公認最成功案例或最有效的操作方法。這些案例或操作方法經過整理之後，成為典範，便會在專業內被傳播、討論與學習。最佳範例通常會被企業採用為標準化的操作，讓功能類似的各部門採用，直到產生更好的範例為止。這 20 個故事，其實早已是空間規劃界所熟知並且相互學習的最佳範例。

然而，我們選取的這些案例，並非完美無瑕。有些案例在某些層面引起爭論；有些案例還在早期發展階段，無法確認數十年後是否一如其規劃願景。此外，故事大部分以正面角度呈現，似乎缺少批判的觀點。事實上，我們所選取的，都是本書的顧問群認為其理念或操作方法對臺灣的相關政策推展極有參考價值的案例。我們不對個案進行深入的正反面討論，而是著重在對臺灣有啟發的新觀念的引入。我們儘量對案例的政策決策者與操盤手進行第一手的採訪，了解其原始的政策企圖與績效，蒐集到很多第一手資料。

都市再生的 6 個 DNA

這 20 個都市再生的故事隱含了 6 組關鍵的觀念，我們稱之為「6 個 DNA」，分別是：永續發展的核心價值、城市的願景、城市的智庫、新型態的民眾參與、創意行政與公部門的關係，以及創意經濟。

之所以稱作「DNA」，是因為這 6 組觀

念的核心價值觀及操作方法，界定了我們所討論的 20 個案例的本質。這 6 個 DNA 被進步的都市經營者或規劃者理解、反覆實驗、實踐、辯證，再衍生出許多新的案例。其實，在每一個故事中，這 6 個 DNA 會以不同的面貌出現；每個故事當中也不僅僅只有一個 DNA。我們只是將一個故事裡最強的 DNA 表現做為歸類的參考而已。

可以說，這 6 個 DNA 是都市更新（urban renewal）演化為都市再生最重要的關鍵。

臺北市都市更新處，雖然其正式的組織名稱上還有「都市更新」這四個字，其實這個單位的施政理念早已改弦更張至另一個層次：都市再生。對一般市民，乃至專業人士而言，都市再生仍然是一個非常陌生的名詞。事實上，都市再生在歐美日一線城市已是引領城市發展的主流概念，而且已有許多具體成果。

為了解這 6 個 DNA 產生的緣由，我們將先概述都市更新這個攸關都市新陳代謝的政策工具，如何逐步演化而轉型為都市再生的脈絡。

都市更新──政府介入的都市空間改造

都市更新，並非指市場邏輯下的自然都市空間演變，而是指政府運用公權力對都市空間改變的積極性介入，亦即政府使用公權力針對都市窳陋地區進行都市機能與建築的更新。強制徵收或拆遷是實踐都市更新的主要法律手段。

對臺灣主要都市的民眾來說，都市更新已經不是陌生名詞。然而，我們對這個名詞的理解卻有著嚴重偏差。字面上明明是都市的更新，但是臺灣的都市更新實務比較像舊建築更新，而與都市無關。臺灣的都市更新條例缺乏空間或策略思考，著重都市更新個案的推動效率與障礙的排除。雖然法令規定更新單元要達到一定面積，但規定越調越小，一般都市更新的規模僅及於幾棟建築物或一、兩個小街廓。臺灣都市更新的動力，特別在北部地區，主要來自於房地產增值的誘因。對大部分的市民而言，這個政策牽涉的議題主要是房地產大幅增值、老舊建築變豪宅、都更過程曠日廢時、地主如何爭取最大權益等等。弱勢戶或承租戶權益受損等問題，最近也廣受重視。始終很少聽到都市層次、宏觀層次的討論。除了專業人士之外，一般市民

並不知道都市更新這個政策工具歷經了非常複雜的辯證與實踐，其政策目標、推動方式，發生過很大的變化。

在十九世紀早期工業革命時期，工業國家的主要城市如倫敦、巴黎與紐約，都經歷了快速的都市成長。大量的勞工湧入城市，工人階級住宅區品質極差。這些大面積的勞工住宅區，後來都經歷了由政府主導的大規模都市更新。

世界最美的城市巴黎，就是一個超大規模都市更新的結果。在一八七〇年代，法國皇帝拿破崙三世任命巴黎行政長官奧斯曼主導整個城市的再造運動。奧斯曼花了大約20年、以巴洛克都市美學為基礎，試圖改善治安、強化國防、提升整體環境品質。更新行動包括貧民窟清除、新住宅街區的規劃設計、林蔭大道、都市公園、下水道系統建設等等，將巴黎整頓成為一個具備現代城市規格，又有統一美學的都市。巴黎的都市更新，其規模與成果可說是史無前例，後無來者。

另一個為世人熟知的大規模城市美化行動，是新加坡自其立國以來持之以恆的城市建設。新加坡花園城市的願景展開，也是始於新加坡舊城區的都市更新。一九六〇年代立國之初，市區貧民窟的清理與國民住宅的建設替執政黨贏得民心。這個國宅政策逐步演進為城市規劃、國土規劃，而成為這個城市國家的立國基礎。新加坡的國家發展、經濟發展與產業發展，與新加坡的都市更新、都市再生策略緊密結合。這個城邦國家的競爭力是建立在城市空間的更新之上。

隨著絕對政治權威的消失，民主成為普世價值。我們本來以為，大規模的都市更新已不會出現在今日的城市，但中國由社會主義的計畫經濟型態轉型為國家資本主義，讓我們又親眼目睹了無法想像的大規模都市更新。中國自改革開放以來，在集中的政治權威與強大的市場力量推動下，其他社會不可能再實施的推土機式大規模都市更新，在幾個沿海一線城市一波波地展開。其他國家得花數十年逐步緩慢完成的都市轉型，中國城市都能在極短的時間完成。短短二、三十年，中國城市的基礎建設與城市風貌便具備了現代化城市的規格；犧牲人權與公平，贏得了城市機能的轉型與競爭力，顛覆都市空間專業者的價值與共識。

都市更新的污名化

都市更新常以老舊的中心商業區或大面積的窳陋住宅區做為更新標的。但實施結果有的成功而成為帶動都市轉型的引擎，有的失敗導致原有居民流離失所，新建地區

也成為巨大的財務黑洞。而最常伴隨都市更新的現象是仕紳化（Gentrification）。都市更新之後，因為街區的重劃，基礎設施的更新，新的商業活動引入，導致周邊的地價房租大幅上揚。推動都更常宣稱要改善窳陋地區居民的生活，但許多都更案例卻反而將原來的居民排擠出其長期生活的街區，不但未能達成原訂的政策目標，反而使社會問題更趨嚴重，而且常轉移到其他地區。

對都市更新最嚴苛的批評來自美國都市觀察家雅各（Jane Jacobs），她的名著《美國城市的誕生與衰亡》從鄰里社區與街道生活的多樣性等「生活城市」的理念出發。她從許多真實案例中歸納出鄰里社區與街道在都市生活中的重要性，認為唯有多元混合的「人性尺度」街區，才能造就「平凡而偉大的城市」。她強調，複雜、細緻、多樣化的土地利用型態其實是打造活力城市的前提，因此強力抨擊大規模開發和推土機式的都市更新。她認為，美國都市舊城區的大規模更新，不但破壞街道生活，並且常常製造出新的社會問題。雅各的觀察與理論影響極為深遠，從此，歐美先進國家對傳統的都市更新轉趨謹慎，「都市更新」這個名詞在歐美經常與粗暴的行政、大規模拆遷聯想在一起，被視為負面名詞。

「都市再生」取代了「都市更新」

1965 至 75 年間，美國各主要城市為掃除衰敗的市中心區貧民窟，大規模推動舊市區的都市更新，建設大規模的高樓住宅社區。這些大規模的高樓住宅社區，其中有部分遭遇了嚴重的挫敗。有些高樓社區因失業、犯罪問題的惡化而不得不再度全部拆除。雅各所倡議的社區主義興起，人性化的都市規劃理念獲得重視。從一九七〇年代之後，大規模的拆遷行動逐步轉為細膩的街區整頓，關注的焦點也轉為重視歷史文化、街區紋理、街道店鋪、文化創意、引進投資與創造就業機會等等。伴隨著都市設計概念的引入，美國的主要城市轉而透過都市設計法規與審議管制機制、容積移轉與容積獎勵等工具，成功引導私人開發提供部分平價住宅，促進鄰里社區與街道保存、文化與生態保護，在都市中心創造開放空間。

1985 年迄今，「都市再生」一詞逐漸取代了被污名化的「都市更新」。都市再生與都市更新的基本差異在於，都市更新較著重於實質環境或建築物的更新與改善，而都市再生則強調以符合永續發展的原則，提出一個地區的經濟、社會與實質環境的整體改善行動。

這段時期，西方國家的許多城市經歷了現

代史中最為急速的變革。這種變革呈現在兩個面向：一是經濟全球化所帶來的區域與城市經濟結構的重組，使得城市做為製造業中心的功能消失，成為第三產業的基地和消費場所；二是郊區化的趨勢，城市的許多功能從城市中心向郊區轉移。以上兩種變化導致許多城市出現大量的閒置建築和土地，嚴重的勞工失業和隨之而來的各種城市問題層出不窮。這種衰敗現象在傳統工業城市表現得尤其明顯，特別是以重工業、採礦業，或港口、鐵路運輸為支柱產業的地區。這些城市得在承受經濟、社會、生態環境和財政問題的多重壓力下處理過去遺留下來的夕陽產業，還必須尋找能支撐城市發展、創造就業機會的新產業。

在經濟全球化的趨勢下，主要城市的中心商業區被視為區域經濟發展的引擎。市中心需要建設成為吸引企業及相關高階服務業進駐的環境。因此，政府的都市更新已不僅是硬體的建設，更是城市總體發展策略的一環，有賴軟硬體的配套與整合，並且重視公私部門之間的合作夥伴關係。指導舊城更新的基本理念從目標單一、策略內容狹隘的老舊都心區的都市更新，逐漸轉變為目標多元、內容豐富、更具人文關懷的都市再生理論。

一九六〇年代末，英國執政的工黨政府面臨社會矛盾，許多城市的傳統工業快速衰退，失業和城市財政困難成為主要政治焦點。中央政府採取與私部門投資者合作的策略，以尋求解決方案。一九七〇年代中期的《英國大都市計畫》提出了「都市再生」的概念，也就是採取與私部門的開發者合作、獎勵投資的策略，以解決在許多城鎮中出現的嚴重經濟停滯的問題。都市再生政策常常運用財稅工具、都市計畫及土地使用鬆綁，鼓勵商業及居民回到舊城區。許多大型的閒置工業設施與用地，常是都市再生的空間籌碼，引入多元的混和式土地使用。在英國，都市再生（urban regeneration）與都市復興（urban renaissance）這兩個名詞常被交互使用。經過數十年的推演，隨著柴契爾主義的退潮，英國專業界有人開始質疑英國的都市再生政策過度仰賴市場，未能全面關照社會與文化層面。

儘管如此，都市再生這個名詞仍被普遍沿用。從一九七〇年代至二〇一〇年代，歐洲各個區域與城市有關都市再生的政策與實踐更形多元。無論從目標的設定、策略方案的實施、政府職能的調整、財務的運用、法令與執行機制的彈性、智慧生活科技的應用，民眾參與的方法等，均有重大突破，累積出許多可供參考的案例。本書的許多都市再生故事，就是這段時期的實驗結果。

日本的都市再生經驗

亞洲的日本更將都市再生提高至國家層次，以環境保育、防災、國際化等觀點研訂面對二十一世紀各項挑戰的都市再生計畫，做為振興日本經濟最主要的對策。近十年來，日本主要城市，尤其是東京地區都市發展最主要的動力，就是 2001 年日本總理小泉純一郎上任時宣布的都市再生政策。以「活化都市是日本二十一世紀活力的來源」為口號，小泉純一郎上任後兩週即成立「都市再生本部」， 由小泉本人親自站上火線，擔任本部長，推動以強化都市魅力和國際競爭力為目標的「都市再生政策」。

值得注意的是，日本的都市再生政策，並非建物或街區的更新，而是將都市再生與都市結構改造緊密結合，並且提出具體的操作手法。其中，四項重要的核心議題包括：

一、廣域循環的都市計畫：在大都市圈的臨海地區，以廣域、綜合整理方式，興建廢棄物處理、資源回收處理等設施。

二、建構安全都市計畫：改善以防災公園為核心的大型防災據點及避難路徑，強化防災架構。

三、充實交通基盤計畫：改善環狀道路、都市鐵道、首都圈的國際機場、國際航運港灣等交通基盤設施。

四、建構都市據點計畫：有效運用大規模低度使用土地，開發都市據點，並妥善更新老舊公有住宅，創造舒適居住環境，建構資訊化都市據點。

日本政府提出整體的都市戰略目標，配合容積獎勵並鬆綁過時的法令限制，提高民間企業與土地持有者共同參與都市更新的意願。這一系列的都市再生策略的整體經濟復甦效益，或許有待專家評估，然而，這些策略確實為東京都心地區帶來嶄新風貌與多元的生活機能。

2002 年 7 月，日本政府公布首波優先都市更新地區，分布於東京、橫濱、名古屋及大阪等四大都市。其中東京的「都市再生緊急整備地域」，包括位於市中心的東京車站周邊的新橋、赤坂、六本木、秋葉原、新宿站、大崎站、新宿富久沿道地區，以及東京臨海地區。同年 10 月，又公布了全國 14 個大都市指定都市更新地區，總面積達 5,700 公頃，其中 40%（約 2370 公頃）位於東京。

從 2002 年的丸之內大樓、2003 年的六本木之丘、2006 年表參道之丘、2008 年東京中城，以及 2012 年 5 月晴空塔，到 2012 年 10 月，復舊完成的東京車站重新

開放，一波又一波的大規模街區再造，已經將東京都的核心地區重新打造成為具備嶄新都市機能的城市。

臺北應以都市再生政策取代都市更新政策

做為臺灣地區經濟引擎的臺北都會區，迫切需要轉型。這個城市的最核心的課題，是如何將一個以生產製造為目的的城市，轉型為以知識經濟、服務經濟、美學經濟，以及體驗經濟為目標的城市。臺北的城市規劃者與經營者應思考，如何把這個城市帶到下一個新境界，面對所有國際主要城市共同面臨的結構性問題，包括：

一、快速的國際化所引起的資本快速流動與城市的國際競爭，將加速 M 型社會的來臨，導致日趨惡化的貧富不均及大量失業。

二、地球暖化導致的氣候變遷，以及傳統能源的逐漸枯竭。許多城市面臨了前所未有的自然災害威脅，而石化能源的短缺更迫使我們必須思考符合低碳永續的生活方式。

三、少子化與人口老化現象相伴出現，而臺灣正是嚴重少子化與人口老化的地區之一。

這些課題的嚴重性與急迫性，絕非目前的都市更新政策足以因應。許多城市的都市再生政策，都以舉國之力，因應這幾個課題。台北急需宏觀的都市再生行動。

思考都市再生的 6 個 DNA

本書的 20 個故事所隱含的 6 個 DNA，包括永續發展的核心價值、城市的願景、城市的智庫、新型態的民眾參與、創意行政與公私部門的合作關係，以及創意經濟，每一個都是我們必須理解、探索與實踐的領域。

首先，我們必須提出一個長期、明確的都市發展願景。此一願景必須透過多層次廣泛的參與、辯證逐步形成。此一願景必須能整合社會共識，成為政治運作的共同平台，方能有效整合有限的社會資源、土地與資金。

再者，此一願景必須以永續性發展思維為基礎，重視多元的文化價值，對市民生活的鄰里社區與社會生態給予最大尊重。此一願景，也必須具備國際視野，了解臺北市在國際競爭及國際分工的威脅與機會，對國際人才提供最友善的環境。臺北目前已被公認為一個宜居的城市，卻逐漸失去競爭力。將臺北經營成為一個文化創意產業的基地，已逐漸成為許多城市精英的共識，值得進一步凝聚，並深究其落實方法。

最後要強調的是，我們所討論的每一個故事都隱含了創意行政的概念。觀察這 20 個故事可以看出，創意行政是臺灣目前嚴重落後的一環。比較臺灣的都市行政文化與本書考察的案例可以清楚看出，以下的概念與做法值得我們學習：

一、策略性思維與整合性的行政。10 個城市的諸多開創性的實驗，都是先有長期的策略性思考，待願景與策略提出之後，有賴其政府內部破除本位主義，由首長帶領相關單位協力合作，方能完成共同設定的目標。臺灣各級政府的不同部門，多依據其本位提出自己的計畫，因此「治一經，損一緯」的事情層出不窮，缺乏處理整合性事務的制度設計。策略性思維與整合性的行政，是我們必須加緊學習的一個功課。

二、民眾參與及公私夥伴關係的創新機制。本書所研究的許多個案，其成功的基礎建立在各種創新的、民眾參與的基礎之上。有關民意的探索與共識的凝聚，對臺灣的城市而言是一個全新的社會工程。另一個課題是，都市再生的事業需要許多因應新型態創意與企業實驗的機制，傳統政府僵硬的公共行政作為完全無法因應。我們需要重新思考公私夥伴關係的創新機制，以展開「都市再生」行動出現的許多新任務。

這兩個面向，可以稱為是創意行政的核心，而創意行政正是都市再生這個新型態都市治理成敗的關鍵！

臺北的都市發展，由都市更新模式轉型為視野寬廣的都市再生模式，這本書的 20 個故事，以及其隱含的 6 個 DNA，都可以為我們帶來深刻的啟示！

DNA / 1

永續發展的核心價值

諸多都市再生案例的終極關懷都是城市的永續發展。永續發展的關照面向涵蓋生態、經濟與社會。在都市再生的案例中,空間的再利用、建築的再利用、傳統城市脈絡、街區的保存,是第一組核心的議題。對歷史文化的尊重、多元族群的文化保護,與弱勢族群的照顧,是第二組核心的議題。對地球暖化、氣候變遷的因應,以及低碳生活、生產的倡議,資源、能源的循環利用,是第三組核心議題。

倫敦奧運的整體企劃,無論是活動、場館規劃,都能以永續發展做為其核心價值,並且在每一個環節中落實,是 1 號 DNA 的最佳案例。紐約的高架廢鐵道,是一個大型廢棄公共設施轉型為帶動城市再生的公共空間的最佳案例。漢堡的 HafenCity 則代表了城市因應氣候變遷、海平面上升的新思維。這三個案例都是以永續發展為核心價值的都市再生典範。

Legacy Plan

利用奧運再造舊城區

北京奧運動用了史無前例的大規模人力、物力與預算,建設耀眼的場館。倫敦奧運,則以無比的自信擁抱「合宜」,而不追求「雄偉壯麗」。展現出對「永續發展」此一核心價值的深刻信念。

擬定奧運舉辦策略之初,倫敦就以「Legacy」這個關鍵字定下基調,選定貧困破敗的東區做為舉辦奧運的場址,盤算的是利用這次機會扭轉東倫敦「城市毒瘤」的宿命。這不只是奧運場地的興建,更是倫敦史上最艱鉅的一場都市更新。

2005 年，國際大城倫敦、巴黎、馬德里、紐約和莫斯科為申辦奧運各顯神通，競爭激烈的程度前所未有。7 月 6 日主辦城市揭曉，倫敦以「為下一代留下資產」（London 2012 Olympic Legacy）為主題，取得 2012 夏季奧運主辦權。消息傳回倫敦，帶領提案的團隊首長第一反應竟然是「天啊！該怎麼辦？我們真的拿到了！」他知道，即將展開的是一項幾近不可能的任務。

被規劃為奧運場地的東倫敦區，原本就是個貧困破敗的地區。工業污染、市容髒亂，是倫敦人不願踏足的一塊「窳陋地區」，卻將因為這場國際賽事而脫胎換骨。

東倫敦史特拉福區（Stratford）是二戰後發展而成的工業區，不僅沒有便利的公共運輸系統，也沒有美麗的大草地公園。甚至，在過去兩百多年來一直是垃圾掩埋場和化學工廠的所在地。該區的河川及土壤長期受到嚴重汙染，地面上所見也只有破舊不堪的廢棄工廠。這裡是社會底層人民集居的區域，社會問題嚴重，犯罪事件頻仍。

倫敦市政府選定這樣的地方做為舉辦奧運的場址，盤算的不只是舉辦一場風光的國際賽事，而是利用這次機會扭轉東倫敦「城市毒瘤」的宿命。在這裡進行的，不只是奧運場地的興建，更是倫敦史上最艱鉅的一場都市更新。

以賽後使用為優先考量的建設策略

英國人從申辦奧運的第一天起就打定主意，「所有的建設必須以賽後使用為優先考量」。其實，以「為下一代留下資產」為主題的舉辦訴求正是倫敦在激烈競爭中勝出的原因。

倫敦奧運主場館的設計採取了「擁抱臨時性」（Embrace the Temporary）的策略——這是倫敦奧運規劃中令人稱道的創舉之一。為了避免奧運賽事結束後留下一堆蚊子館，每位參與場館設計的建築師接受的第一個挑戰就是，「場館設計必須符合賽事期間及賽事之後所扮演的不同角色」。所有場館都將於賽後「塑身」，以因應在地的社區民眾需求。倫敦奧運建設局（Olympic Delivery Authority）丟出了這樣的一個要求，他們的任務不單單只是辦好奧運而已。

倫敦奧運場址所在的東倫敦史特拉福區，原為二戰後發展而成的工業區，奧運規劃前有許多破舊不堪的廢棄工廠。

怎麼「塑身」？賽後留下來的設施該怎麼被使用？多出來的部分又該如何再利用？每項條件都在設計初期列入考慮，必須被一一檢視。

做為奧運主場館的「倫敦碗」在賽事期間設計了 8 萬個觀眾席，其中低層的 2 萬 5 千個座位將是永久的，其他 5 萬 5 千個座位可以拆除；這些大量的臨時座位於賽事後已經移除。用輕量鋼鐵和混凝土構成的場館，繼續成為訓練運動員的場地，同時也可以舉辦文化和社區活動，成為一個永久的設施。

奧運游泳中心同樣也於賽後移除兩側觀眾席的座位，轉換成社區活動中心，有托兒所、適合家庭使用的設施，以及咖啡廳等社區空間。高標準的泳池設備可提供給附近學校使用，並做為頂尖游泳選手的訓練場地。賽後成為單車公園一部分的自行車館，則轉型成

奧運主場館「倫敦碗」是奧運公園的重要地標性建築。

為運動俱樂部，提供當地居民和頂尖選手們使用；手球館則成為小型社區運動中心；籃球館在設計之初已規劃為可拆除重組的建築，奧運結束後全部拆除，移至另一個城市重新組裝再利用。

這個以「考量賽後使用」為出發點的運動場館設計策略，是史無前例的創舉，替倫敦奧運規劃團隊搏得了不少掌聲，也為往後的奧運場館的規劃設計留下一個值得參考的案例。

這個策略成功地回應了低碳、環保與永續發展這些主流價值，更為賽後的社區環境留下了許多可用的設施，而非蚊子館與龐大的負債。

利用奧運建設改善區域基礎設施

史特拉福地區過去是被嚴重污染的工業用地，原來是一塊地下充斥污染水道、頭頂布滿高壓電線，整體景觀乏善可陳的地區。這個地區被規劃為奧運園區，包含了數個場館及選手村的奧運公園，在賽事結束後成為高品質的大型開放空間，部分保留的體育設施將繼續開放給市民使用。原來容納3萬2千名選手的選手村，也將改為3,600戶的社會住宅。

一直以來，花高額預算興建爭奇鬥豔的運動場館，是主辦奧運城市的一個傳統。倫敦奧運實現局選擇的是另一個務實的策略：每1英鎊的奧運經費，就有75便士投入永久性基礎設施的建設，包含土壤清污、河川整治、電纜佈設、交通設施、人行步道建設等項目。

奧運主場館「倫敦碗」低層是2萬5千個永久性的座位，其餘的5萬5千個座位已於賽事後全部移除。

他們把眼光放在 17 天的賽事之後；英國人從申辦奧運的第一天起，就打定主意，配合奧運場館建設改善區域基礎設施，要利用舉辦奧運的機會與資源再造東倫敦！

園區的南端保留了河濱公園、市集、活動廣場、咖啡店、酒吧等設施，得以延續賽事期間的嘉年華氣息。北端的區域將成為永續發展的生態棲息地，利用最先進的環保技術管理雨水和滯洪，創造出提供數百種既存和少數物種棲息的生態環境。

奧運公園的建設，從一場看不見的土壤清污計畫開始。這是一次英國史上規模最大的土壤清洗工作。100 萬立方公尺嚴重污染的土壤，由五部土壤淋洗機完成了大部分的清洗工作。然後，才接續進行超過 220 棟建築的拆除、超過 5 公里的河岸更新、超過 8 公里的水路建設、種植 4,000 棵半成熟的樹木、進行必要的道路建設等等。這些基礎工作徹底解決了這個地區長期以來的環境污染與基礎設施的不足問題。

奧運公園的建設，從清洗土壤開始，到河岸更新、水路建設等，徹底解決了長期的環境污染問題。

（左）奧運公園成為永續發展的生態棲息地，可提供數百種既存和少數物種棲息。
（右）史上規模最大的土壤清洗工作。100 萬立方公尺嚴重污染的土壤由 5 部土壤淋洗機完成清洗。

淨化受到污染的工業用地，開放過去無法抵達的河岸空間，這個佔地約 250 公頃的奧運園區，在賽事過後躋身近 150 年來歐洲最大的都會公園之一。

提供永續生態環境，全區低碳節能規劃

奧運園區裡有 4,000 株 4 到 7 公尺高的半成樹，其中半數來自英國南部 Hampshire 的原生樹種（如橡樹、桉樹、柳樹、樺樹、榛樹、冬青樹、山楂等）。這些喬木成林之後，將成為園區景觀與生態體系重要的一環。沿著河岸的溼地，有三十多種總數超過 30 萬株的溼地植物。在植被比例較低的地區，如橋梁下方、大型建物的屋頂，設置了超過 650 座人工鳥舍以供鳥禽棲息。到 2014 年底，整個園區將有 45 公頃以上的野生動物棲息地。

園區北側保留為因應百年洪水頻率的洪泛區，並且規劃為生態溼地。園區南側位於游泳館和主場館中間，延伸半英哩長的帶狀河岸花園展現英國近代對園藝的熱情，約有 250 種來自全球共 12 萬株的植物，依照氣候分區種植於此。整體的景觀設計配合防洪與排水系統，有效留滯雨水，降低洪峰。

整個園區興建集中的能源中心以提升社區能源效率。奧運園區西側的能源中心將提供園區及未來新社區的電力及冷暖氣：包括一個 300 萬瓦以木屑為燃料的生質鍋爐，每年可以減少 1,000 噸碳排放量；使用天然氣的冷熱電聯供應系統（CCHP）的燃料利用效率超過 70%，遠優於傳統火力發電的 40%。預計能源中心每年將可以減少 25% 的碳排放量。

園區也建立高效率的水資源利用與循環系統。全區採用更有效率的用水方式，以減少 40% 飲用水的消耗，例如使用省水器材、建立中水的收集過濾系統以沖洗廁所和灌溉。

以永續發展為主題的綠色奧運，將這塊百年來被稱為「臭史特拉福」（Stinky Stratford）的城市邊緣區域轉變成為一個可以安居樂業的高品質社區。環境污染問題也得以徹底解決，創造出一個生氣蓬勃的生態環境。

奧運園區西側的能源中心將提供園區及未來新社區的電力以及冷暖氣。

更大範圍的區域再生企圖

倫敦市政府的都市再生企圖，遠超過史特拉福區。東倫敦下利亞河谷區（Low Lea Valley）是市政府劃定的都市再生區域範圍，面積大約是奧運公園的五倍大。倫敦奧運的舉辦，正是整個東倫敦下利亞河谷區域再生的一個重要契機。位於下利亞河谷核心區域的奧運場址，擁有河流及賽後留下的各種高品質公共設施，也佔有最佳的區位條件，自然扮演帶動整個區域再生的觸媒。沿著利亞河周邊的奧運場址，距離市中心只有 8 公里，又是下利亞河谷區域的核心地帶。水路、道路、下水道、公共運輸系統等基礎設施系統與市區及周邊社區將連結整合，包括史特拉福國際高鐵站的興建、史特拉福車站的設施水準與容量提升計畫、延伸船塢區輕軌（DLR）到東區等。

隨著奧運活動的落幕，奧運公園的經營管理也從奧運建設局移交給奧運園區賽後管理公司（Olympic Park Legacy Corporation），隨即展開賽後園區改造計畫。這項被命名為「Clear, Connect, Complete」的計劃，主要的任務分為「清除臨時場館」、「連結周邊交通系統」、「完成公園綠地」三階段。預計工期為 18 個月，於 2013 年 7 月重新開放，並更名為「伊莉莎白女王奧運公園」（Queen Elizabeth Olympic Park）。這項園區改造計畫，將把此區從倫敦奧運時期帶往下一個階段。

賽後區域再生總體框架

由一個規模極大、專長環境與基礎設施規劃的跨國工程顧問公司 AECOM，負責規劃的賽後區域「再生總體框架」（The Legacy Masterplan Framework），就是一個為期三十年、逐步實現整個區域再生的分期發展框架。隨著賽事的落幕，整個區域的各項再生行動才正要展開。而這個計畫，也是在爭取奧運舉辦權時最令評審團感動的構想。這個計畫描繪出一個以奧運園區為核心、分階段將東倫敦下利亞河谷區域逐步帶動轉型的過程。

倫敦奧運結束後，不但奧運園區將發展成為帶動東倫敦都市再生的引擎，周邊其他五個社區也將納入賽後區域再生總體框架，隨著分期計畫被賦予不同的都市機能。其主要規劃內容如下：

「再生總體框架」分三期發展

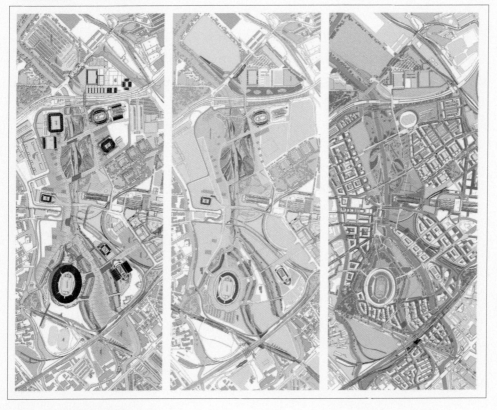

（左）2012 年倫敦奧運時期。
（中）2013 年伊莉莎白女王奧運公園。
（右）2030 年賽後社區發展計畫。

1. Stratford Village：1,500 至 1,800 個住宅單元，一間中學，社區型主要商店街。

2. Hackney Wick East：國際廣播中心與媒體中心，2,000 至 2,400 個住宅單元，6,000
   個座位的多功能運動場館、創意商城和娛樂中心。

3. Stratford Waterfront：1,800 至 2,000 個住宅單元、水岸空間。

4. Olympic Quarter：奧運主場館區周邊，規劃了 2,700 至 3,200 個住宅單元、奧運花園，

以及一間坐落於場館區以體育為主的設施。

5. Pudding Mill：600 至 800 個住宅單元，60 萬平方英呎的商業區。

6. Old Ford：1,200 至 1,400 個住宅單元，一間中學及新的海濱廣場。

整個區域總計將興建 1 萬 1 千個住宅單位，其中 35% 是平價住宅，40% 為家庭式住宅。大量的住宅供應，將為此一區域帶進大量有生產力的人口。配套的生活機能，如學校、商店、健康中心等也納入規劃，逐步實現，預計將可創造 8,000 千個工作機會。

區內規劃的「Tech City」科技城是一個高科技、數位與創意聚落，吸引以科技和創新為主的投資，結合其區位優勢、尖端數位與創意設施，以及充滿活力的創意文化氛圍，自 2008 年以來吸引超過 500 家企業進駐。此外，在國際廣播中心與媒體中心設立的一個「加速空間」（Accelerator Space），是一個協助小型科技公司發展的育成中心，也吸引國際相關企業進駐投資，以期發展成歐洲新媒體的科技中心。

「重視賽後利用、帶動都市再生」的奧運新模式

取得奧林匹克運動會舉辦權的城市都會認為，這是自己的國家與城市在國際舞台展現實力的機會，大部分國家都會尋找明星建築師設計出令人驚豔的運動場館。然而，硬體投資與賽後利用都是主辦城市後續長期的沉重負擔。倫敦市政府充分吸取了這些失敗的經驗，極力避免重蹈覆轍。

在北京奧運動用了史無前例的大規模人力、物力與預算，建設了耀眼的場館，策劃出令人目眩的開閉幕儀式之後，舉世都好奇倫敦奧運將以何種面貌呈現於世人之前？結果，倫敦在擬定奧運舉辦策略之初，就以「Legacy」這個關鍵字，為整個舉辦策略定下基調。這個城市以無比的自信，擁抱「合宜」而不追求「雄偉壯麗」，展現出對永續發展這一核心價值的深刻信念。

從擬訂策略的第一天到爭取主辦權的競賽中，倫敦奧運規劃團隊利用賽事帶動倫敦東區的區域再生，做為說服評審的主訴求，這也成為倫敦勝出的主要原因。多年來，倫敦市政府對其東區的落後凋敝也做過許多規劃，但成效不彰，幾乎束手無策。市府團隊把奧

更大範圍的區域再生企圖

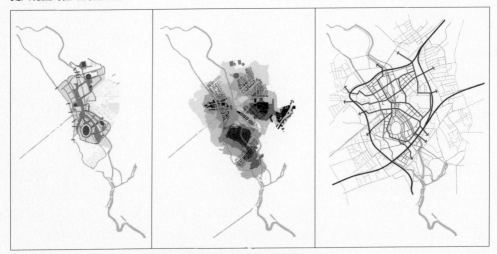

（左）奧運場址的各項設施、景觀工程賽後將成為帶動大區域再生的起點。
（中）以奧運公園為核心，連結並強化周邊的鄰里社區，提高公共空間的品質。
（右）在賽後使用規範的指導下，新的道路建設及各項交通設施的改善將縫合區內原來破碎的次區域，
　　　提供全新的區域發展可能性。

運視為天賜良機，利用奧運設施與場地的規劃整合了原有的東倫敦下利亞河谷區域的各
項更新計畫，形成一個賽後區域再生總體框架。這個框架，利用奧運園區的建設帶動了
整個區域的再生。

於今觀之，倫敦市政府並沒有把這些都市再生的計畫當成贏取奧運主辦權的口號。倫敦
是舉辦奧運城市中最重視賽後利用，最積極利用奧運資源帶動都市再生的城市。儘管東
倫敦的問題絕非一朝一夕可以解決，賽後區域再生總體框架也未必能一如原來計畫實現，
但這些策略性思考及其背後擁抱的價值，已將奧運場館及園區規劃設計對城市發展的意
義帶到一個全新的高度。（**文‧陳雅萍**）

2030 年賽後社區發展計畫意像圖

The High Line Park

高架廢鐵道也能變公園

在自發組成的市民團體與市府聯手合作下，一座廢棄的高架舊鐵道竟然重生成為最受歡迎的公園，為全球都市帶來「高架公園效應」（High Line effect），許多城市爭相仿效。

高架公園的保存代表的是讓新舊並存共生的宏觀思考，而非只能在拆除和新建之間做出抉擇。這個新舊並存的設計讓曼哈頓的過去和現在融合為一，成為紐約人日常生活的一部分，同時，也創造出全新的都市空間原型，使我們對廢棄閒置的基礎設施景觀有了全然不同的理解。

十年前，拜影集「慾望城市」（Sex and the City）之賜，提起紐約曼哈頓的新興區，不是布滿精品店的肉品包裝區（Meatpacking District），就是充滿獨立藝廊和表演空間的第十大道。現在，再問紐約客西邊有什麼好玩，答案卻在這些地點的「上方」。

午餐時間一到，曼哈頓西區的上班族拎著三明治和咖啡往哈德遜河前進。原以為人們趁著中午休息時間逛藝廊，但大家卻一個個順著第十大道上的階梯往上爬。他們去的不是別的地方，正是隱藏在曾被稱為「死亡大道」—— 第十大道上的「高架公園」（High Line）。2012 年，公園開放還不到三年，已躍升為紐約曼哈頓最熱門的觀光景點，一年吸引超過 440 萬人次的遊客。

這個公園不是全球第一座高架公園，但絕對是近年來最引人注目的都市開放空間。而這個故事的主角是一個賣手錶的商人、一個靠文字為生的作家，還有一個努力讓紐約重生的市長。這三個人用十年的時間改變了曼哈頓西邊的城市地景。

由一場社區發展會議開始

早期，曼哈頓西邊是運送重要物資的交通廊道。平面鐵路、汽車、馬車和行人相互爭道，交通事故頻傳，第十大道因此被稱為死亡大道。一九二〇年代末期，儘管碰上經濟大蕭條，紐約市政府和鐵路公司仍決議進行改善方案，投下相當於現值 20 億美元的預算建造高架鐵道，希望減少平面道路的交通負荷。

隨著公路運輸的崛起，這條以運送冷凍火雞肉為主的高架鐵道逐漸失去功能，於一九八〇年代戛然停駛。

無用的鐵軌並沒有因此走入歷史。誰能想到在近二十年後，兩個四十歲上下的紐約人讓這廢棄的鐵道重生，以全新姿態面對大眾。

1999 年，在曼哈頓開了幾家手錶專賣店的漢蒙（Robert Hammond）和旅遊作家大衛（Josh David），分別從《紐約時報》（New York Times）上看到高架鐵道即將被拆除的消息，決定以社區居民身分參與西邊第四區的社區發展會議（Community Board 4）。

高架公園位於第十大道上的階梯入口。

The High Line Park———高架廢鐵道也能變公園

一九二〇年代末期，紐約市政府和鐵路公司建造高架鐵道，以減少平面道路的交通負荷。

兩人原本互不相識，也沒有任何建築、工程或設計背景，唯一的共通點就是同時出席了人生第一次的社區會議，又剛好比鄰而坐。

漢蒙踏進會議室時，以為居民應該會熱烈討論該怎麼保存這條舊鐵道，「結果並沒有，」漢蒙接受紐約時報採訪時，回憶起當天的錯愕，「當天到場的都是附近地產的所有權人，每個人都迫不及待地表達希望趕快拆除高架鐵道。」漢蒙開始和鄰座的大衛聊天，發現兩人都對保存鐵軌有同樣的熱情，於是興起成立保存鐵軌的非營利組織的念頭。「當我們向在場人士表達保存鐵軌的想法時，他們顯得氣憤不已，但我當這是對我們的正面回應。」大衛對紐時記者微笑著說。

事實上，漢蒙和大衛並不是第一個跳出來搶救高架鐵道的市民。一九八○年代，鐵路公司和西邊居民提議拆除高架鐵道時，當時的鐵路狂熱分子歐布雷茲（Peter E. Obletz）僅以 10 美元向鐵路公司買下長達 2 英哩的廢棄鐵軌，希望能保存西邊高架鐵道的原貌。然而，此舉引起附近居民大力抗議，使歐布雷茲的計畫受阻。不久，歐布雷茲只得將鐵軌所有權歸還鐵路公司。

二十年之後，漢蒙和大衛卻扭轉了高架鐵道的命運。為什麼？成功的關鍵有三，便是紐約市政府的政策改變。

成功關鍵一：市政府態度開始轉向

一開始，漢蒙和大衛的想法很簡單，就是讓有歷史意義的高架鐵道能免於被拆除的命運。直到兩人實際走一遭廢棄鐵道，許多異想天開的想法不斷冒出。

漢蒙回憶，站在街邊向上仰望高架鐵道，看到的盡是廢棄斑駁的鋼筋骨架，一個不小心還會沾到從天而降的鴿子糞。登上高架鐵道沿著鐵軌走，卻能看到青綠雜草叢生成一個綠帶，向北綿延而去，端景是帝國大廈。再轉頭向後望去，整條綠帶好似切過曼哈頓西邊，自由女神像就在不遠處。「我們為什麼不把這高架鐵道變成一座公園？」在漢蒙和大衛兩人的心中，浮現了這個鮮明的願景。

「多數人抱怨這條高架鐵道殘破不堪，但我卻愛上這點，」漢蒙說，「讓曼哈頓擁有一條不間斷、長達 1 英哩的步道，這是多麼地難得。」1999 年，參加完社區會議後，兩人決定成立非營利的「高架公園之友」（Friends of the High Line），進一步推動這項外人看來天馬行空的想法。

然而，起步走得並不順暢。當時的市長朱利安尼（Rudolph W. Giuliani）同意大部分西區居民的意見，傾向拆除這個巨大的鐵路廢墟，而高架鐵道的擁有者 CSX Real Property 公司也順應民意，同意拆除。在這樣的逆境中，兩個關鍵性的情勢變化，讓高架公園之友看見曙光。

登上高架鐵道沿著鐵軌走，就能看到青綠雜草叢生成一個綠帶，向北綿延而去，端景是帝國大廈。

首先，CSX急於處理手上這件無用地產，內部也曾提出轉型成空中停車場或是出租牆面作為廣告看板的想法，同仁卻發現了一個名為「Rail Banking」的聯邦法案：當鐵軌不能再使用時，任何民間團體、地方政府機關，都能和聯邦鐵路達成協議，利用現有的軌道用地做為公園或其他公共用途。CSX對外揭露了這項法案，使漢蒙和大衛有了法律依據，同時向CSX和紐約市政府提出保存再利用舊鐵道的方案。市政府的態度也出現轉變，成為這項提案的助力。

在高架公園之友成立3年之後，紐約現任市長彭博（Michael Bloomberg）上任。相較於朱利安尼的拆除立場，彭博對高架公園的態度則較有彈性。彭博有興趣的是，面對財政緊縮若把廢鐵道轉型成高架公園，究竟能為紐約市帶來多少經濟效益？

彭博的態度充滿了紐約客的現實感：夢想很美，但別忘了背後的財務精算。

高架公園之友──高架公園的背後推手

1999 年由創業家漢蒙和旅遊作家大衛共同成立的非營利組織。初期負責統籌高架公園的規劃設計，高架公園正式對外開放後，仿效中央公園的營運模式，由高架公園之友擔任公園的「管理人」，負擔年度營運和維修的七成費用，其餘費用由市政府暨休憩局負責。

目前高架公園之友的組織架構有社區發展組、設計組、營運組、藝術組、飲食暨收入組、遊憩服務組及行政支援單位，工作人員約 70 名。

成功關鍵二：為高架公園創造出定位與知名度

漢蒙和大衛找來專家協助估算公園可能帶來的經濟效益。報告指出，以鄰近的經驗推估，公園建設之後，周遭地價能提升 13％到 16％。也就是說，要增加一塊土地價值，最有效的方式便是創造一個高品質、有話題的「區域」（district），使人們願意進駐到區域內工作、居住和購物。

漢蒙和大衛「區域想像」的概念成功說服了當時的市府團隊和議會，成為高架公園成功的第二個關鍵。當選市長前原為商業巨擘的彭博完了解這個概念的潛力，成為第一個喊出留住高架鐵道的市府官員，並從私人帳戶掏出 200 萬美元補助高架公園的前置作業。接著，靠著漢蒙和大衛的奔走，高架公園之友還獲得媒體大亨 ＩＡＣ 總裁狄勒（Barry Diller）聯同其妻知名服飾設計師芙斯汀堡（Diane von Fürstenberg）高達 1,500 萬美元的捐贈。高架公園第一期的規劃與營造費用終於有了著落。

「繼中央公園之後，成立公園一直不在紐約市的發展藍圖上。」哥倫比亞大學地球研究院（Columbia University's Earth Institute）院長柯恩（Steven A. Cohen）指出，追求商業發展的極大化是近年紐約都市發展失衡的主因，「但高架公園的誕生，反應出紐約市民價值觀的轉變，他們對生活品質的要求已與從前大不相同。」

高架公園在 Gansevoort Street 的起點，高架橋下設立入口廣場及入口階梯。

2006 年，在市長彭博的主持下，高架公園正式破土興建。仿效中央公園的營運模式，高架公園隸屬紐約市政府的公園暨休憩局（Department of Parks & Recreation），但由高架公園之友擔任公園「管理人」，負擔年度營運和維修的七成費用。除了每年舉辦大型募款活動之外，高架公園之友也廣邀一般市民加入「朋友」行列，會員費從 40 美元起跳。加入會員除了能獲得高架之友相關商品，在周遭合作商家消費也享有折扣。紐約名流如愛德華‧諾頓（Edward Norton），凱文‧貝肯（Kevin Bacon）等都在朋友名單之列。

成功關鍵三：讓曼哈頓的過去和現在融合為一

高架公園的第三個成功關鍵，則是社區居民與設計師重新思考了舊鐵道在現代都市的角色，提出讓新舊並存的創新方案。

目前已開放的高架公園範圍，以曼哈頓下西區甘斯沃特街（Gansevoort Street）為起點，沿著曼哈頓第十大道往北延伸，直到西 30 街，從南向北分別跨越肉品包裝區、雀爾喜區（Chelsea）和地獄廚房（Hell's Kitchen），長度約 4 公里 ，相當於從臺北市景美河濱公園自行車道至公館自來水博物館的距離。

這個公園之所以能受到遊客和居民的青睞，全是因為高架公園的設計是從「傾聽」在地居民開始的。

規劃初期，高架公園之友在臉書 FACEBOOK 和推特 Twitter 上廣邀市民參觀基地，舉辦超過 12 次的公開討論（open house），以了解附近居民對高架公園的期望。依據收集到的居民意見，高架公園之友再透過國際競圖廣邀 36 國的 720 個團隊提供設計方案。這些在地居民的意見，其中當然有許多關於廢鐵道地景的回憶，以及來自社區的生活故事。

在高架公園的空間裡，配合視野與訪客活動，設計了許多或坐或臥的角落。

最後，Field Operations 和 Diller Scofidio & Renfro 兩家事務所提出的設計方案獲得最高評價。他們的設計案讓曼哈頓的過去和現在在每一個畫面、每一個角落相互穿越，融合為一。高架公園既屬於今天的紐約，又歷史感十足。

走在高架公園，第一印象便是沿著軌道規劃的綠意，這其實是廢鐵道原來野草叢生的印象的保留。目前，兩旁植物有超過半數採用紐約當地原生種，植物沿著設計團隊刻意保留的舊軌道生長，春天時散發新芽的氣味，夾帶著淡淡的牛奶香，預告夏季已逐漸靠近。在高架空間裡，配合視野與訪客可能的活動，設計了許多可以停留、或坐或臥的角落。

過去，附近大樓牆上總掛滿巨幅廣告看板。高架公園也延續傳統玩了一個遊戲，在公園沿邊的外牆設計大型玻璃方框，當遊客走入框線，從街上往高架公園看去，就像看到一幅幅由遊客擔綱主角、正在演出中的廣告看板。

高架公園離地面不過 10 公尺，在高樓大廈櫛比鱗次的曼哈頓區並不算高，但晚間公園的燈光設計勾勒出公園高架結構的輪廓，在幾個街口外就能從高樓縫隙中看到公園的存在。舊鐵軌夾在哈德遜河邊老舊倉庫和設計新穎的新建築之間，行走在其中讓人有穿越歷史時空的錯覺。

文化景觀基金會（The Cultural Landscape Foundation）創始人伯恩鮑姆（Charles A. Birnbaum）曾撰文闡述高架公園為全球都市帶來的效應。所謂的「高架公園效應」指的是紐約高架公園成功之後，許多城市爭相模仿的現象。他說：「高架公園的保存，讓舊鐵道融入當代人的生活之中。這個公園的成功代表的是一個讓新舊並存再生的宏觀思考，而不是在拆除和新建之間二選一。」

的確，這個新舊並存的設計讓曼哈頓的過去和現在融合為一，成為紐約人日常生活的一部分，同時創造了一個全新的都市空間原型，讓我們對廢棄閒置的基礎設施景觀有了不同的觀點。

空間魅力與經濟效益都遠超乎預期

高架公園開放不過三年，連老紐約客也對這個公園充滿興趣與驕傲之情。過去，觀光客最常拜訪的自由女神或時代廣場，紐約人從不刻意前往，甚至終生都不曾前去遊覽。但2009年才正式開放的高架公園，不但是觀光書上推薦的必訪景點，就連當地居民也經常前去享受悠閒時光。「聰明的紐約人都知道要在離峰時間來這裡，」平常日的下午，啃著墨西哥捲餅的當地居民崔西說。

公園沿邊的外牆設計了大型方框，遊客走入框線，仿若一幅幅由遊客擔綱主角、正在演出的廣告看板。

來到這兒，你可以學當地人拿著本書或筆電躺在公園座椅上享受難得的陽光，或是帶著小孩在刻意設計的淺水池中踢水。往北走到第十大道廣場，可以坐在宛如露天劇院的階梯上，隔著大片透明玻璃和街上的行人互望。不然乾脆當個道地的觀光客，在高架橋上偷窺隔壁大樓的瑜珈課，或者不遠處的露台上正熱鬧舉行的私人派對。

高架公園帶來的周邊經濟效應遠遠超乎預期。開始營運之後，造訪的人次從 2010 年的 200 萬人、2011 年 370 萬人一直成長到 2012 年的 440 萬，附近高級餐廳，設計飯店和俱樂部一個個接著開放。紐約市長彭博就曾推估，高架公園至少為曼哈頓西區帶來 29 個新建案、1,000 間飯店房間、2,500 個住宅單位和 12,000 份工作機會，相當於 20 億美元的經濟效益。

「在這之前，誰會想到第十大道會成為全球最頂尖廚師的聚集地？」漢蒙接受媒體採訪時，也深感訝異。事實上，高架公園效應為紐約市政府帶來的直接收入也超過預估。當初，漢蒙和大衛向市政府提案時，特別強調高架公園將能帶動周遭房地產的活絡，進而增加市政府的稅收。兩人曾以二十年期推估，高架公園將為市府增加 2.5 億美元的稅收。事實證明，數字被嚴重低估。

在紐約市，離地鐵站越近，房價和租金就越高。靠河邊的高架公園離最近的地鐵站還有三個大道之遙。近兩年，這個潛規則在高架公園附近被打破，區內房價直逼上城區。根據英國國家廣播公司（BBC）報導，在二十年內，高架公園將能為市府帶來近 9 億美元的稅收，成為彭博市長任內經濟效益最高的都市再生方案。

而高架公園寫下的紀錄還未停止。2011 年，市長彭博宣布芙斯汀堡家族基金會（Diller-von Furstenberg Family Foundation）將捐贈 2,000 萬美元給高架公園之友，這是紐約市立公園獲得的單筆最高金額捐款。因為這筆捐款，高架公園得以繼續修復北面軌道，預計於 2014 年開放最後第三期的公園空間。屆時，配合完工的地鐵七號線延伸路段將大幅提高這個公園的可及性。住在老遠皇后區的居民，跳上地鐵，很快就能到達曼哈頓最時興的空中走道。

坐在宛如露天劇院的階梯上,隔著大片透明玻璃和街上的行人互望。

八十年前,高架鐵道載運物資補給紐約人的日常生活;現在,高架公園串聯起紐約客對現代生活的新想像。漢蒙在一次演講中特別提起,紐約人在公開場合不會主動和伴侶牽手,但在高架公園開幕後,經常可見人們牽著手在舊鐵道上漫步,「這是這個公共空間的魅力,她改變了市民之間的互動。」

紐約市絕不是一座容易複製的城市,然而透過市民與政府的合作創造出高架公園的態度和精神,卻不應專屬於紐約市。這個故事告訴我們,市民能透過社區會議對公共事務提出大膽的想像,同時市政府也應傾聽民意,提出實驗創新的做法。

「是『人』」讓高架公園如此特別。」漢蒙幫高架公園的成功,下了最好的註解。我們永遠不能低估,一些人、一個遠見,以及堅持的精神,可以為一個城市帶來多大的改變。(文・史書華)

西雀爾喜特別地區計畫

在高架公園之友的遊說下，紐約市政府於 2005 年正式制定「西雀爾喜特別地區計畫」（Special West Chelsea District Zoning），以「高架公園」為中心修改既有的都市計畫，引導建商共同參與鐵道保存及高架公園周邊的區域更新。計畫目的如下：

1. 鼓勵西雀爾喜地區鄰里單元的多元混合使用。
2. 鼓勵住宅於適當的地區發展。
3. 支持藝術相關產業於雀爾喜區的發展。
4. 透過高架公園周邊環境的建築退縮與特殊高度限制管制，以及高架公園軸帶容積移轉制度，使高架公園再利用成為可及性高的公共開放空間。
5. 創造雀爾喜歷史街區（Chelsea Historic District）以東的中低街道尺度，以及形塑哈德遜岸邊（Hudson Yard）以北的街道尺度。

相關計畫重點包括：

1. 介於第十大道和十一大道間的 17 街、18 街的開發案，若設計有助於高架公園的空間結構整理，可獲容積獎勵。若與高架公園容積指定移出區合作，建築物依照管制規則興建（與高架公園緊鄰的基地需退縮 15 呎興建）並提供樓梯或其他電梯設備者，可獲得最高 2.5 的容積獎勵（基準法定容積為 5.0）。
2. 招牌號誌管制。為了確保雀爾喜西區以東的中低街道尺度，緊鄰高架公園 50 呎範圍內，高度在高架公園的高度以上之建築物不得設置招牌。
3. 平價住宅獎勵。為了增進多元混合使用，在計畫範圍內一定的街廓提供「平價住宅」，將獲得較高的容積獎勵。
4. 高架公園營運基金獎勵。建築基地位於第十大道以西的 16 街至 19 街，若能提列部分經費至紐約市政府開立的高架公園基金帳戶，或是以其他方式捐助高架公園之友，可獲得最高 2.5 的容積獎勵（基準法定容積為 5.0）

完整計畫內容詳見 http://www.nyc.gov/ht

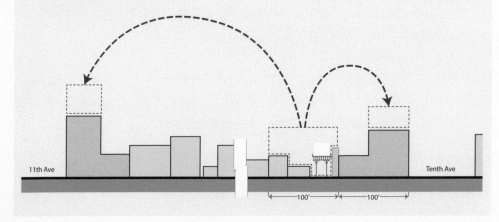

11th Ave

Tenth Ave

|←——100'——→|←——100'——→|

Hafen City

與水共舞的城市

工期長達 25 年、預算超過百億歐元的海港新城開發案
（HafenCity）採取了極為彈性的策略性規劃，為大規模的城
市開發展示了一種全新的規劃態度，從防洪、招商到總體規劃，
都保持彈性，避免墨守成規。這個城市的規劃智慧在面對洪水
威脅時表現得最為淋漓盡致。

這是一座工業、金融、貿易活動頻繁的重鎮，也是一座洪水年年來襲的城市。洪水來襲時，幾公尺高的浪一波波威脅國際企業總部、百年銀行，以及堆疊在港邊大量的貨櫃。但海港城市漢堡，是歐洲最大經濟體德國的最大港口，面對洪水年年侵襲的策略並不是高築堤防，反而不設防地讓水淹進城區。

面對洪水前線的新市鎮海港新城，是歐洲近年來最大規模的都市開發案。這個開發案的實現，將讓漢堡市面積成長 40％。開發案的創新理念獲得了 2011 年歐洲綠色首都的殊榮。

1997 年漢堡市議會通過海港新城開發案，2001 年動工，到今日超過十年的發展，港口新城已有三百多家公司進駐，提供了 8,400 個工作機會。157 公頃的開發面積內，包括了辦公，商業、娛樂、學校等設施，以及 5,800 個住宅單元。放眼望去，德國最大財經雜誌《明鏡週刊》總部、聯合利華（Unilever）德語區總部、綠色和平德國總部都進駐海港新城，區內一所新設的大學就以 HafenCity 為名。

不過幾年前，這裡還是一片荒廢的工業港區，有座超過百年的煤氣廠。光是拆除舊建物，就有超過 19 萬立方公尺的土方必須移除。「以前整個地區毫無生氣。如今總是和噪音、廢氣劃上等號的工業港區已被學校球場的吶喊、白領階級在咖啡店的討論，甚至是觀光客的快門聲所取代，」漢堡海港新城港開發公司執行長特別助理蓋勒庫瑟（Tim Geilenkeuser）說明了這個港區巨大的變化。

今天的海港新城已經成了新一代城市生活的指標。眼前一棟棟結合居住和辦公的新型大樓現代感十足，以綠建築觀念設計的各式建物及兼具防洪和景觀的水岸空間，宣示了新一代的城市生活型態將在這裡實現。

捨棄堤防，與水共舞

二十世紀末，港區還是漢堡的市中心，但城市逐步向外擴展，形成了一個大都會區。港區與城市之間漸漸出現一條無形的界線：一邊是辦公與商業區及歷史街區，另一邊則是交通幹道、噪音及工業廢氣。港區與舊城如何融合為一，成為不斷考驗城市規劃專家的難題。

（左）海港新城在進行大規模都更之前，是一片荒廢的工
業港區。（下）今天的海港新城，已成為新一代城市生活
的指標。

同時，都市計畫領域興起了一個新概念：在城市中發展城市。在環保的考量下，城市不
應無止境地往外擴張，否則不但會破壞城市外圍的綠地，市郊的汽車通勤帶來的廢氣也
將成為破壞環境的元兇。必須把人帶回城市，利用大眾運輸系統在城市中心居住與工作。
為了達成這個目標，都市規劃專家必須提升市中心的生活品質，改善交通、公共設施、
開放空間及居住的條件等，以吸引市民回流。創造高品質的生活環境的企圖，貫穿了海
港新城的大小規劃，甚至改變了港口城市漢堡的防洪傳統。

蓋勒庫瑟表示，建堤防防洪是漢堡的傳統，洪水的歷史高點高達海平面6.5公尺。整個漢堡市中心的河岸被長長的堤防包圍，「你看那座橋穿越堤防的開口，需要的時候閘門是可以關起來。」蓋勒庫瑟指著不遠處通往市中心的要道，在堤防上開了一條通道供橋樑穿過，危急時閘門可關閉。圍在堤外的區域平時車水馬龍，洪水來時則將成為洪泛區。

然而，這個堤防系統卻沒有延伸至海港新城，整個海港新城暴露於堤防之外。難道海港新城不怕水淹？漫步港口新城，從不同街區間的街道落差就能看出兩種防洪策略的端倪。

與水共生的兩大策略

原來，漢堡不是不怕被水淹，而是從過去的「人定勝天」思維180度轉向接受洪水的宿命，發展出與洪水共生的兩個策略。

策略一，局部圍阻。在舊有的港口區域，街道海拔高度為5公尺左右。與舊區交界的第

洪泛區的建物第一層都是停車場或可外租的彈性使用空間，搭以門外兩扇鋼製閘門，洪水來襲可將水阻擋在外。

海港新城規劃許多橋梁，平時是人行和自行車橋，洪水來時可充當救災車輛的專用通道。

一塊開發基地，8 棟建築的第一層樓的地面層標高也是 5 公尺。這樣的高度讓他們都必須面對洪水侵襲的風險。為了因應這個風險，規劃者就將建築物的第一層全部規劃為停車場或是可外租的彈性使用空間，輔以門外兩扇鋼製閘門的設置。洪水來襲時閘門一關，就可把洪水阻擋在門外，平時也不會浪費寶貴的空間。

雖然水淹不進來，但建築內的人該怎麼出去？若是有人受傷，難道就困在水中孤島，苦

盼水退？原來，8棟建築之間設計了空橋，當洪水來襲時空橋就成了聯絡道路，連救護車、消防車都能開上空橋！8棟建築物之間還特別留設空地做為車輛的迴轉空間，每棟建築的間隔都經過精密計算。空橋的設計成了此區住宅規劃的先決條件，基地若無法連接至空橋就無法取得建築許可。

策略二，墊高建築基地。在新的開發區，所有的建築物、道路設施都奠基在墊高的開發基地，並在高低落差間設計出大型的人工平台、公共空間等等。新建港區開發基地的高度，會針對各基地離岸邊的距離而逐漸抬高，甚至連同一棟建築的地面樓層的地板高度都會有所不同。

開發基地墊高之後，新區的基地高度從過去海拔 5 公尺提高至 8 公尺以上。這些人工平台的高程規劃都被納入建築設計規範。碼頭也設計成浮動式，浮箱組成的廣場會隨洪水高度自動抬升。洪水來襲時，架高的新港區，不須堤防就可以安全地立於洪水之上。

不建堤防的好處

比起建堤防，海港新城採取的防洪策略似乎複雜許多，棄簡就繁是為了什麼？

海港新城介於港區與城區之間，若建了堤防勢必形成一道數公里長的巨大水泥厚牆，形成兩個區之間的永久阻隔。再者，親水空間、港灣風景、美麗的天際線都是這個地區的景觀優勢，建堤防勢必扼殺了海岸景觀之美。建物的一樓挑空做為停車場，原本要劃設

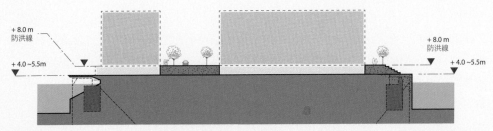

海港新城不建堤防，而是抬高地面、形成水平面上 8 公尺的高台。於其上建造樓房及道路，建物的底座也是防洪的堤壩。平時是車庫及水岸道路，廣場離水面 4-5.5 公尺，保留了親水性。

抬高的人工地盤上，沿著水岸留設開放綠地及市民活動廣場，洪泛時留做洪水的洪泛空間。

為地面停車空間的土地就可以讓出來做為開放綠地及市民的活動空間，洪泛時則留做洪水的洪泛空間。

海港新城不建堤防還有一個最實際的理由，「想想看，當時這裡都還是一片廢棄地帶，若要先蓋起堤防才開發，政府要做多少的前期投資？」蓋勒庫瑟坦承，整個海港新城從西至東、由北至南的順序開發，私部門的資金也依各區塊開發進度依序到位。超過 150 公頃的面積若要用堤防防洪，勢必得投入極大的資金，而且得等到堤防工程全部完工才能開始招商，「因為那時候才能保證，區內沒有水患。」採取各地段架高的策略解決了拖延開發的困難。

如今造訪海港新城時，迎接訪客的不是一道阻隔在人與水之間的「壯觀」堤防，而是長達 10.5 公里的水岸，沿著岸邊漫步，是很浪漫的水岸經驗。

落實節能減碳，不做海平面上升的幫兇

除了消極的防洪，海港新城將自身視為海平面上升與極端氣候的最前端受害者，必須積極負起減碳的責任。蓋勒庫瑟說：「我們強調符合永續發展的城市管理，才不會成為陷自身於險境的幫兇。」為了減緩溫室氣體排放，海港新城首先從能源入手。新城分為東西兩區，各採取不同的能源策略。

新城區西區的所有建築物都被納入區域供暖網路，透過分散製熱、燃料電池、太陽光電系統及地熱等技術，讓產熱的二氧化碳排放量控制在每度 175 公克以下，遠低於傳統天然氣暖氣的 240 公克。在還未進入開發階段的東區，則採用 Dalkia 電力公司的能源方案：運用燃燒木材、使用燃料電池及熱泵等方式，使該區暖氣系統的碳排下降到每度 89 公克。未來一旦採取新的暖氣技術，港口新城的二氧化碳排放量甚至可以降到傳統技術總量的 40%。除了使用低排碳的能源系統外，海港新城要求每棟新建築的設計都必須符合極高的綠建築標準，相關的設計準則如下：

1. 建築物的能源消耗應低於國家法律標準。
2. 對公共資源永續利用的貢獻度。
3. 是否使用環保建材。
4. 對人體健康及舒適的重視程度。
5. 是否符合無障礙空間的規定。

對於中、東區的建築設計，則要求一半以上的建築物需達到綠建築金獎的水準。不僅如此，由於新港區將住宅、商業、休閒及辦公的用途進行混合式規劃，縮短了日常生活的交通距離，而大面積的水域及開放式建築也降低了熱島效應。

落實綠建築的規定是很多城市的主張，但多數城市因為怕嚇走投資者，都不敢提出太高的要求。在海港新城，大大小小共八十幾個開發案幾乎全由私人投資者推動。海港新城特殊的「遴選期」機制，就是使理想可以落實的關鍵。此地區在土地讓售給開發商前，必須先由土地管理委員會審查通過，接著開發商必須提出該基地的規劃方案並在漢堡市政府協調下辦理建築物設計招標，與港口新城有限股份公司及有關政府部門進行協商，

2011 年的海港新城願景圖。

以確保開發建築物的建造品質、建設進度及與當地的調和程度。

換言之，不像一般的土地標售，開發權完全落入開發商手中，「遴選期」的規定要求有進場意願的開發商先提出開發方案，透過協商，確保設計符合海港新城的各種理念之後，才能獲得土地的讓受。

為了實現永續發展的目標，漢堡市政府決心不再對外擴張城市版圖，反而將原先的老舊港區改造為住、商使用的新港區，港口新城的防洪策略是否成功，成為整體城市能否在既有空間內發展的前提。其大膽、充滿智慧的嶄新設計不僅是其他城市的觀摩對象，更有助於實現 2020 年降低二氧化碳排放量 20% 的目標。未來採取更新的供暖技術，港口新城的二氧化碳排放量還可降低 40%。

面對日益嚴苛的地球暖化與氣候變遷，很多城市依然以更大的預算、過時的方法，進行無效的行動。海港新城以前瞻的做法因應氣候變遷，不蓋堤防，與水共舞，是這個整體規劃的核心價值，也成為眾所矚目的尖端實驗。（文‧劉致昕）

DNA /2

城市的願景

城市的發展不能沒有願景的引導；願景的格局，決定了城市的格局。有些城市以聚斂財富、犧牲環境為目標，有些城市以政治控制為目標。偉大的城市，以廣大市民的安居與自由民主為願景，以城市的文化藝術多元發展為願景，以城市的特色發展為願景，以與生態環境共生為願景。在願景的指導下，公私部門的各種力量得以同心協力，經過長時間的經營，一個偉大的城市才得以逐步完成。

漢堡市的 City Dialogue 是一個市府內部凝聚共識，並且推向民眾、共同尋求共識的實驗。西雅圖的 Urban Village 則是一個醞釀數十年，透過長期的民眾參與，由一個觀念雛形逐步演進為規劃文件、法令與具體的都市計畫。巴塞隆納的城市建築師則透過其空間專業，把城市的期望與各部門的需求整合成城市的規劃與都市設計，並且具體落實。

WIE SOLL HAMBURG IN 20 JAHREN AUSSEHEN?
nexthamburg
WAS LERNEN WIR AUS DER GESCHICHTE FÜR DIE ZUKUNFT?
Wie sieht KULTUR 2040 aus?
Wie viel BETEIL verträgt die Sta
HIER ZEICHNEN
Wohin mit der Stadt?
Bitte die Kreide nicht durchs Museum tragen!

City
Dialogue

城市不能沒有願景
願景不能缺乏民意

一個城市沒有願景，就沒有方向。在願景的指引下，政府各部門與民間的各種力量得以同心協力。經過長時間的經營，一個偉大的城市才得以逐步完成。在落實願景的漫長過程中，向前的動力往往不是每四、五年就要下台的政治人物，而是有足夠公民意識、持續參與公共事務的市民力量。

「由人民掌舵，帶城市走向未來」，這樣的政治口號耳熟能詳，但民眾的意見在城市發展中真能有決定性的力量？讓民意參與決策，真正落實起來卻是困難重重，誰負責傾聽民意？如何搜集民意？收到的意見有無代表性？如何回應民意？會不會淪為民粹？因此，民眾參與是一個非常複雜的政治工程。

2012 年，漢堡市政府通過一個宣示性的新政策，稱為「城市對話」（City Dialogue）。這個政策將民眾參與法制化，成為公共決策的必要程序。如今，每一個公共政策，從大型開發計畫到社區營造，決策過程都必須符合城市對話所訂下的民眾參與規範。

城市對話機制的形成，其實是從挫敗的經驗中學習得來。而故事的起點，則是從市政府內部的一場衝突開始。「衝突發生在一場關於都市計畫地目變更的會議，」漢堡都市發展與環境局城市與景觀規劃處長修特（Wilhelm Schulte）回憶當時的情景。

起因是商業主管機關要求漢堡市再增加 30％工業和住宅用地的供給。環境局提出強烈反對，主張工業用地不但不應增加，反而應該減少。兩個重要的部門各執一詞，市長面對衝突，一時之間不知如何反應。「我給市長的建議是，回歸城市的願景。城市的願景等於是都市計畫的指南，」修特指出，「與其被市府內外部不同的力量牽著走，領導者應該提出長遠願景，帶領城市前進。」

願景，是政府各單位及城市中各方利益團體彼此溝通最重要的基礎，能夠統合不同意見，引導城市的發展。換言之，一個願景是否有效，是以其能否獲得普遍的理解與長期的支持為前提。有民意支持、能實現遠見的長期方案才能獲得政治上的支持，而得到穩定持續的資源投入。唯有如此，一個城市的願景才能夠逐步落實。

但是民主國家的現實情況是，因為政治人物的選舉更迭，而使城市的願景難以持續。「我們要的是一個有廣大的民意支持、不會隨著每一場選舉改變的長期願景，」修特堅定地說，而民意的支持正是他擔任公職多年，成功描繪城市願景、逐步落實願景的關鍵。願景，使得漢堡市能夠以統合的步伐推動許多維持城市競爭力的重大政策。

漢堡市政府美侖美奐的古典建築物，座落於市中心阿斯特湖的湖畔。

城市願景從何而來？

為了避免市府內部因為缺乏共識而發生衝突，修特召集相關部會，利用兩個週末的時間討論漢堡市的願景。一開始討論就定下一個原則：最後的結論，最多不能超過五個重點，「五根手指就可以數得完的願景，大家才能記得住。」但應該是哪五個重點呢？與會的專家與官員各自列出自己認為重要的事項，一瞬間，就產生了三十六個重點，「接下來

要形成共識，將三十六個重點整合成五個，這才是挑戰的開始。」修特於是向市長建議，「以這三十六個重點為漢堡城市願景的基礎，舉辦城市願景座談會，讓市民公開參與討論吧！」民意在形成城市願景過程中所扮演的關鍵性角色，就在此時浮現。

城市願景如何取得民意基礎？

面對挑戰，修特花了一年半的時間主持大大小小的座談會，從三十六個重點當中尋找交集，最後終於形成共識，整合凝聚出了有五個重點的城市願景，成為市政府重大決策最上位的指導方針。過程中不是沒有挑戰，政治人物總有自己的願景版本，不同黨派的政治人物總不斷嘗試將自己選區的利益或政黨政見放入其中，總覺得已經底定的五個重點不夠，想再加上兩、三個！

漢堡市政府舉辦的城市座談會，市民利用白板以圖示方式討論願景。

當下一任市長上台又想頒布自己版本的願景時，修特向他說明了原有願景的意義。「我們已經有了一個被討論過的願景了！這不只是議會或政府的決議，而是人民的共識，不用立法都有合法性。」修特指出，「經過民意洗練的願景沒有任何政治人物或政府部門敢反對！這就是願景的民意基礎如此重要的原因。」

佔據歷史街區的行動深化了民眾參與

2012 年 4 月，漢堡市長正式宣布，未來漢堡所有的公共政策都必須依法律規定，透過民眾參與、形成共識之後，才能據以決策。民眾參與本是德國公共決策的傳統，為什麼在此時要進一步的深化，並且成立專責部門落實呢？原因是漢堡市政府幾個重大政策的實施，因民眾參與未能落實而遭到空前挫敗。這些挫敗，讓漢堡市政府決心將民眾參與更進一步法制化。

德國經濟在金融危機後一枝獨秀，漢堡市因為熱錢湧入，加上大量的移民，使得房價快速飆升。市區內大學新生甚至一度苦尋不著可負擔的住處。在漢堡地區，不滿的民意全集中在過高的房價與房租。

漢堡是個貿易城市，私人企業的空間需求高漲，漢堡市的公有土地就不斷釋出提供開發。在一連串都市更新的過程中，國內外的開發商紛紛進入歷史街區，導致歷史建築及舊的街道紋理逐漸消失。走在漢堡街頭，玻璃帷幕大樓林立的城市風貌與全球化下任何一個商業城市大同小異。辦公大樓不斷增建，再加上房價高漲所帶來的不滿，衝突終於爆發。

歷史街區面臨拆除，引起強烈的民意反彈

從十九世紀保存至今的 Gängeviertel 歷史街區，道路狹窄蜿蜒，街區中密集的建物、極窄的棟距可讓人一窺十九世紀勞工階級的生活空間樣貌。這個小小街區逐漸被現代大廈包圍，同時可能面臨拆除的命運，「但大家彷彿都閉上了眼睛，這個街區的存在與否，對在附近大樓工作的人來說似乎沒有任何意義。」身為歷史街區保留運動的領袖之一瓦特，指出當時的社會氛圍。

兩百多名藝術家聽聞 Gängeviertel 歷史街區面臨拆除危機，便展開佔據行動表達抗議。

2009 年，荷蘭開發商 Hanzevas 取得這個街區的土地所有權，準備拆除歷史建築，改建一棟大樓，包括豪華公寓和高級辦公室。2009 年 8 月，德國藝術家里奇特（Daniel Richter）帶著兩百多名藝術家展開佔據行動（squat）。他們進入閒置建築物、設立工作室、策劃展覽，要求政府應該給藝術家們更多的展演空間。佔據行動引發社會的高度關注，帶動了關於漢堡發展策略及城市規劃的討論。

為了吸引創意人才帶動新型態的經濟，漢堡那些年不斷加強城市行銷，希望能趕上以創意聞名的柏林。「但現實情況是，光是房價與租金就嚇跑所有的創意人，」瓦特說。德國經濟研究中心研究員梅克爾（Janet Merkel）指出，創意精英在城市中的生活範圍並不大，他們經常選擇其中最具魅力、生活機能豐富的地區住下，Gängeviertel 歷史街區正是他們最喜歡的地方。都市規劃若不能處理過高的房價、不能提供足夠的公共展演交流空間，而只是交由財團進行大規模的開發，創意人才最終將大量流失。

佔據行動持續幾個月之後，神奇的事情發生了，藝術家佔領的街區吸引了上萬人參觀。「我們得到越來越多的支持，很多人都告訴我們，從年輕藝術家到學生，大家都需要交流的地方，但這個城市不用付費的公共空間越來越少。」瓦特所帶領的「Komm in die Gänge」組織，收集了超過兩萬個要求保留歷史街區的請願簽名，希望由他們代表關心的市民與市政府及開發商展開談判。一場藝術家領導的社會運動，讓城市發展的爭論達到高峰，漢堡當局不得不與社運人士與市民對話。結果出人意表，漢堡市政府最終以超過一倍的價錢向投資人購回 Gängeviertel 街區預備開發的土地，並與藝術家所代表的社會團體合作，重新討論這個街區的發展。

對話平台成形，官民合作推動街區再生

社運人士與市府達成共識，讓社區居民組成的居民合作社來經營歷史街區。歷史街區必須以下列幾個原則，作為地區的發展方針：

市民利用草模討論街區保存與再造的各種可能性。

1. 維持開放，容許未經規範的創新活動發生。
2. 維持各方利害關係人之間均衡的發展機會。
3. 推動長期且務實的創意城市相關政策。

今天，Gängeviertel 街區有如被大樓包圍的城市綠洲。這裡有特色商店、有機麵包坊、餐廳與藝術家工作室，處處可看到造型與色彩生動的現代裝置藝術。街區內也提供空間給在地學生、藝術家舉辦各種展覽與活動。

民間自發的歷史街區保存運動，與政府的態度轉變，讓 Gängeviertel 的價值與知名度提高到國際層次，成為可供其他城市參考的典範。Gängeviertel 的街區保存獲得了聯合國教科文組織的肯定，也對這個街區予以認證。

這一次的寶貴經驗，讓漢堡市政府深深地體會到傾聽民間聲音的重要性。他們也因此真正看清了房價問題，以及市民們對公共空間和創意人才聚落的需求。後來，在各類大小城市開發案的決策過程中，市政府都認真傾聽民意，慎重考慮相關的課題。後續許多都市計畫，如港口新城的社會住宅、文創聚落空間、漢堡 IBA（國際建築展）所提的威廉堡都市更新策略……，都深受這次歷史街區保存運動的影響。

城市對話是政治人物的安全氣囊與方向盤

經過了 Gängeviertel 歷史街區保存運動，漢堡市政府將民眾參與進一步法制化為公共決策的必要程序，設計出城市對話的機制。「對話，就能減少爭端，」修特開門見山地說，「當市民知道相關資訊會主動地公開，就不害怕了；當市民相信政府對他們的需求一定會有所反應，就不會抗爭了。」

聽到「民眾參與」這四個字，臺灣的政府官員可能會直接聯想到抗爭或阻擋開發。但對漢堡官方而言，這是再實際不過的必要程序。民眾參與其實是政府施政的安全氣囊，也是方向盤。將一切資訊公開，讓市民參與公共政策的討論，政策錯誤的風險就會下降。修特指出，「某種程度而言，城市對話也是爭取選票的工具之一。」

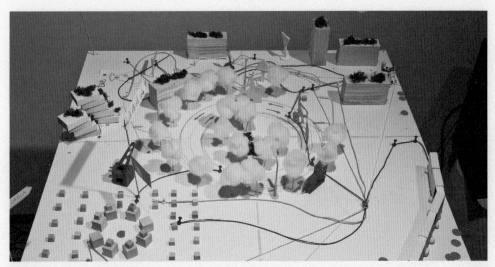

專家與市民透過討論及簡易的模型製作所提出的方案。

「政府不該只是防衛，而應該扮演主動出擊的角色。我提醒我們的政府官員，要扮演提出問題、引導討論的那一方，而不是發現問題才滅火的那一方。政治領導者要邀請人民進來討論政策，這是我對政治領導的見解，也是城市對話的原點。」修特認為，過去政府很多決策過程的資訊不公開，直到決策頒布那一刻才提心吊膽地等待民意的檢驗。網路時代一切都必須透明，從決策開始民眾就已要求參與。

「我們應了解民眾的需求，去問他們我們該怎麼做？市政府不要把提案想好了，或者由私部門先向政府提案，然後再公開叫人民接受，市民當然覺得政府早已決定了一切，這樣的民眾參與只是空有形式而已。」已屆退休的修特，總結其參與重大公共決策的豐富經驗，提出了諍言。

民眾參與，降低私部門的投資風險

在臺灣，私部門的開發案與民眾發生衝突的情況頻仍。對漢堡來說，民間的對話是替投資者降低潛在風險最有效的方法。政府能從參與的過程中獲得豐富的資訊，據以尋找可

專家與市民透過討論所繪製的願景圖文。

能的投資者與合適的開發案。有意願的投資者,也能從對談中找到規劃的依據,或者修正開發內容。

這些正面效應,也讓私部門認識了對話的重要性,開始投資城市對話相關活動。

城市對話實施至今,主流報紙看到市府的態度轉向開放,也開闢相關的城市願景論壇版面,讓市民針對「城市的未來應該如何?」這類問題發表意見。市政府就利用這樣的媒體風潮,在報紙上討論如「在市中心設立人行徒步區」這類過去會引起反彈的提案。因為能夠在大眾媒體上多方深入討論,因此獲得很多正面的效果。

漢堡市政府也利用大眾媒體對城市對話的興趣，以及民眾參與討論的熱潮，試圖建立民眾參與公共事務討論的一些原則。多年來在第一線負責群眾參與公共事務的修特，總結出一個成功溝通的關鍵，就是利益的平衡：公部門、投資者與市民三方之間都不應只是堅持立場。「大家必須慢慢調整思考方式，唯有找到利益的平衡，才有可能達成共識。」修特語重心長地提醒。

公共政策的民眾參與對台灣的地方政府而言，是一項避之唯恐不及的工作。若是有法律的規定不得不辦，也儘量符合形式條件即可。因為從宣傳、登廣告、設定討論議題、開會的形式、參與人數門檻……，種種繁雜細節都是公務員不擅長的業務。漢堡市政府的城市對話政策實施至今，要求所有的公共決策都必須落實參與，難道不嫌麻煩？行政成本是否大幅增加？修特指出，「一旦衝突發生，無法逆轉，那才是真正的成本。」

「過去的民主只有選舉投票，或是事件公投，那都是只有 Yes 或 No 的選擇。現在有了像城市對話這樣的民眾參與機制，讓每一個小市民都有可能成為城市的 co-producer（共同製作者），這難道不是現代社會最大的進步嗎？」

看來，這座城市在經歷了難得一見的歷史街區保護運動後，大家的體悟深得超乎我們的想像。（文・劉致昕）

Urban Village

堅持保持村落特色的大都會

「都市村落」（Urban Village）這個觀念，是西雅圖城市發展的最高指導原則。「都市」與「村落」這兩個看似相互背離的概念，被熔鑄為一個名詞，代表西雅圖市民透過反省與批判，擷取兩種生活模式的優點，避免兩者的缺點。揚棄以開發、成長為導向的主流價值觀，打造「以人為本、追求永續發展」的都市，贏得全美「最適合居住的城市」的美譽。

初訪西雅圖的人，當飛機盤旋在海灣上空，清晰可見這個城市被湛藍與翠綠所環抱。多樣的山、海與湖泊景緻，讓西雅圖有豐富的景觀變化。西雅圖是一個被大自然擁抱的大都會。然而，這個贏得全美「最適合居住城市」的西雅圖，可不是一直這麼美好。

西雅圖座落於群山與水域之間，早期因砍伐木材形成產業而發跡。城市的發展過程中挖山填海，開通運河，主要鐵公路與水路也交會於此，成為美國西北部的交通中心。長期工業污染與砍伐森林，造成環境嚴重破壞，西雅圖東側一望無際、有如大海的華盛頓湖，就曾經因為嚴重污染而成為一片黑水。

直到一九八○年代之後市民環保意識高漲，透過多年的各種努力，才逐漸扭轉華盛頓湖「黑水」的命運。在長期的環境運動中，西雅圖市民累積了深厚的環境意識及對城市發展的獨特看法。最後，終於凝聚共識，提出「都市村落」的願景，成為國際城市中最進步的城市再生典範之一。

高密度都市村落型態：臨近水岸的貝爾鎮，居民發展出「船屋」成為社區特色。

高密度都市村落型態：住商混合，也保留友善的公共設施與開放空間。

都市村落的概念落實在西雅圖的社區中，所展現的圖像是：高密度的市中心社區強調住商混合，居民自己發掘社區特色，開闢友善的公共設施與開放空間，讓商業區仍保有符合人性的競爭力與活力。低密度的郊區住宅伴隨著地區性商業服務的分布，不再需要長途開車採買一週的食物與日用品，可以每天早上到農夫市集帶回當天生產的新鮮蔬果，與家人共享晚餐。迴異於一般大都會的景象，這就是都市村落。西雅圖人盡享城市之便，卻能過著像鄉村般的悠閒生活。

「都市村落」概念的起源

都市村落的概念可追溯到英國於 1898 年提出的「田園城市」（Garden City）的城市規

劃概念。低密度的聚落裡，居住與工作場所規劃在步行可及的範圍內，不需長途開車通勤。聚落內設置步行系統，有舒適的步行空間，只保留必要的車道；當中有很多農作空間，而非人工花園造景。親近大自然的生活，居民關係緊密，就像許多人童年的農村回憶。儘管如此，田園城市的理想並非傳統農村，而是一個生活機能完備、有現代意義的生活聚落。

英國查爾斯王子參與規劃的多塞特的龐德伯里村，正是都市村落的經典案例。此專案開始於 1988 年，目標是為英國尋找新的城市開發模式。查爾斯王子邀請規劃學者寇里爾（Leon Krier）負責社區規劃和多幢建築物的設計；1993 年第一階段建設開始，預計到 2020 年全部完成。整個規劃開發用地 160 萬平方公尺，人口預計容納 5,000 人，其中分為 4 個街區，每個街區 500 至 800 戶。土地容許混合使用；零售和商業服務設在村莊中心；道路採用蜿蜒的路型，交叉路口彎道半徑比較小，以限制汽車對街區的影響；圍繞每個街區的關鍵建築物形成節點，形成公共空間；居住區裡規劃一定數量的輕工業和商業。從施工開始，這裡就成為重要的觀光與研究的目的地，被英國政府白皮書認定為永續社區的設計典範。

查爾斯王子曾經在 1999 年說：「龐德伯里村試圖重新使用那些能夠產生真正社區意識的永恆原則。」

反省傳統都市規劃模式的偏差

為什麼上個世紀的理想，百年後能在西雅圖重現？

和美國其他大城相比，西雅圖開發較晚，早期只是單純的伐木小鎮，人口集中擁擠的情形並不嚴重，然因氣候溫和，人口逐漸聚集。二十世紀初，西雅圖已具大都會雛型，海陸空交通建設逐漸集中於此，逐漸改變城市的地景樣貌。尤其 1962 年的世界博覽會，吸引世界的鎂光燈聚焦於此，而為此興建各種大型公共設施將城市發展帶入另一個高峰。西雅圖正式步上「開發導向」的軌道。

與全世界快速發展的都市並無二致，西雅圖的成長模式也是市中心區高樓林立，交通建

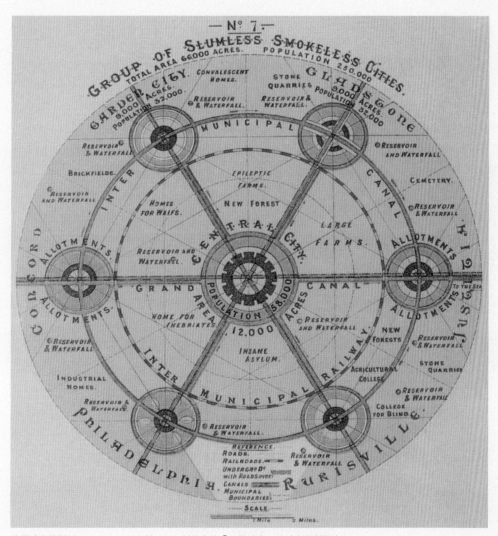

英國城市規劃師 Ebenezer Howard 於 1898 年提出的「田園城市」的城市規劃概念。

設永無止境，工業污染非常嚴重。開發與繁榮，付出了沉重的代價，犧牲的是城市生態環境與自然景觀。西雅圖的市民團體開始反省快速成長的意義，呼籲重視環境保育，並且試圖從歷史、文化與生活方式當中尋找城市的特色。

一九九〇年代，市政府開始認真地從各種線索尋找西雅圖的地方感；歸根究柢，形塑這個城市個性的決定性因素，正是夏日暖陽和風、冬日略顯陰鬱的氣候，以及冰河峻嶺、起伏丘陵擁抱海灣與大湖的自然景觀。這種地景面貌隨季節嬗遞，令西雅圖市民「夏天不想回家、冬天不想出門」。在這樣的環境條件下，西雅圖孕育出高度的戶外活動能量及環境自覺、「個人主義強烈卻關懷外在世界的態度」（individualistic yet caring attitude）、咖啡與劇場文化、獨立叛逆的地下音樂等等城市文化，逐漸沈澱為一種幾可感知的城市精神。那是與環境、地景特質不可分割的文化內涵，和以市民為主體、強烈捍衛環境權的空間主張。

西雅圖市政府也回應市民的期望，於一九九〇年代起開始為城市性格定位，做為後續都市計畫、更新、設計的指標，並將相關討論總結成一個文件，名為《西雅圖特性》（Seattle's Character）。這個小冊子對後來都市村落理念的形成，有顯著的影響。

一開始，西雅圖的都市發展藍圖，與其他英美城市一樣，採取傳統的都市計畫概念，透過嚴格的分區管制（Zoning）將都市土地劃分成許多不同的使用類別，如商業區、住宅區、工業區、農業區等。除了規定各分區的容積率與建蔽率，最重要的是每一塊土地准許的使用類別規定明確，住宅區裡沒有商店或工廠，而商業區就是純粹的辦公大樓及商店，絕無住家參雜其中。

不過，傳統分區管制卻出現了嚴重的後遺症：白天時段人們全擠在辦公大樓裡，夜晚商業區則是無人的鬼城；而位於郊外的住宅區，成為人們下班後回家睡覺的臥室城鎮（Bed Town），機能單一，極為無聊。此外，城市與郊區的通勤產生昂貴的交通成本，永遠不夠的道路建設始終難解塞車問題。

西雅圖人開始認真反省傳統都市規劃模式的偏差。於是，源自英國的「田園城市」概念出現在西雅圖市民的討論之中。這個抽象的概念，在一次又一次的市民會議中逐漸被具

中密度都市村落型態:住商混合的方式,不只活絡了機能單一的住宅社區、也解決了「臥室鬼城」(Bed Town)的問題。

體化為各種落實的方案,挑戰傳統的都市規劃模式,要求改變的力量由下而上,源自於市民。

1994 年,華盛頓州政府要求西雅圖市必須提出自己的城市規劃願景。十年間經過一千餘次的市民參與討論之後,於 2004 年總結出了一個與先前開發導向背道而馳的「宜居城市」願景,而其核心概念正是「都市村落」。回到村落生活的模式,去尋找可能失去、遺忘的生活智慧。

Urban Village———堅持保存村落特色的大都會

落實都市村落的關鍵

西雅圖發展都市村落的理念，必須以社區意識與民眾參與為基礎。而西雅圖的 Town Hall Meeting 的傳統正是實現都市村落極為關鍵的前提。

早期，西雅圖居民以白人清教徒為主。居民於週日上教堂禮拜之後，便利用大家聚集的機會討論社區的公共事務，Town Hall Meeting 的傳統就此流傳下來。西雅圖的市民，習慣透過社區會議討論公共事務。這種源自早期移民時期的社區會議，形塑了美國許多地方的民主意識與參與的傳統，讓市民樂於擔任志工，參與各種處理公共事務的委員會，貢獻所學與專業。

後來，因為公共事務日趨龐雜，一般市民難以負擔管理之責，只得交由專業經理人為之。然而，專業經理人又常與社區脫節，出現各種專業的本位主義與偏執，引發市民普遍的不滿。經歷過這種專業治理失能的過程後，1980 年間，西雅圖市政府又重返 Town Hall

高密度的都市中心也是一個完整的都市村落系統，符合各項都市村落的準則。

低密度都市村落型態：以獨棟住宅為主組成，並於核心地帶規劃社區公共設施，如學校、社區中心、圖書館、公園、人力資源服務等。

Meeting 的傳統，以「社區」為單位，讓社區發展自己的環境改造訴求，並透過社區會議形成共識，直接向市政府提出方案。

以都市村落實現宜居城市的願景

1990 年起，西雅圖市政府正式設立「鄰里發展局」，陸續在 13 個地區設立「社區服務中心」，鼓勵市民直接參與市政政策的擬定，提出改善社區的實質計畫。經過二十多年的實踐，西雅圖的民眾參與已經成為推動市政最重要的動能，以及各種市政創意的來源。

都市村落的理念強調社區的自主性與多樣性，其落實有以下四個前提：

一、土地使用上，將全市劃分為四個區域，分別是市中心區、工業區、港區及住宅區，分區內鼓勵住宅與商業活動的混和。

二、修正以汽車為主的交通規劃，街道的設計以行人為優先，並擴大公共運輸系統的建設。

三、開發計畫必須提供就業機會。

四、強調市民共同審查開發計畫的重要性。一個都市村落應落實下列準則：

1. 不同年齡、收入、文化、職業、興趣等背景的市民的多元混合。
2. 商業區應創造多元的商業、服務型態，並提供就業機會。
3. 供應各種密度的住屋型態，從低密度的獨棟住宅到高密度公寓，以符合多元社區的需求與獨特的都市村落尺度。
4. 村落核心地帶應規劃社區公共設施，如學校、社區中心、圖書館、公園、人力資源服務等。
5. 建設與鄰近村落連結的大眾運輸、腳踏車及步行系統。村落內部與村落之間應有方便的交通動線。
6. 建立完善而整合的公共開放空間網絡，以提供村落居民及工作者豐富的公共生活空間與休閒機會。
7. 創造一種獨特的地域性格。此一性格來自地方歷史、多元文化、自然環境特色，以及成為社區自信來源的其他特質。

都市村落精神的挑戰與落實

都市村落理念的落實並不簡單，必須透過相當複雜的操作過程。尋求共識的代價就是長時間的審議。以「成長管理條例」（Growth Management Act）為例，要求開發者提出的開發案件必須同時考慮中低收入戶的住宅計畫，提供工作機會，還必須顧及環境衝擊，保護全區的環境資源，甚至社區風格、公共空間品質及歷史保存等議題，都要一一考量。

審查開發案的委員會由市民或社區代表組成，審查過程中，幾乎每個環節都必須有完善的計畫，否則根本無法過關。一個開發案的審查期間少則一年，多則五年，每次開會都是漫長的討論，很少表決。必須逐一說服委員，直到所有委員達成共識，才有可能通過。

西雅圖共有三百多個社區，每個社區對於都市村落的認知都不相同，「尊重差異、相互理解」是最高的指導原則。

都市中心及都市村落分布圖

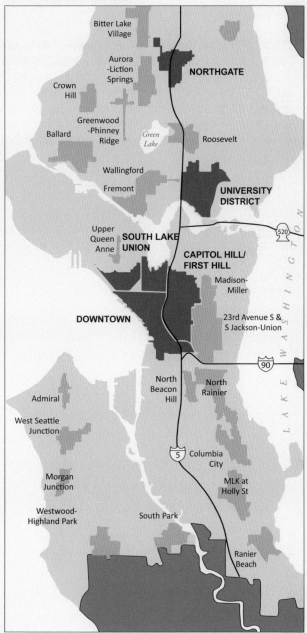

Urban Centers and Villages

西雅圖市議會的委員會

西雅圖市議會只有 9 個市議員，分別職司各自的專門領域。雖然市議會最重要的工作是審查市政府提出的法案，但是市議員平時最主要工作還是參與透過各種委員會的市政運作。西雅圖市政府共有五十個左右的委員會，分別設在不同部門，如人權、自來水、公園、森林、藝術、音樂、規劃委員會（Planning Commission）等等，幾乎涵蓋了所有政府各部門的業務。委員會的委員有許多是無給職，全面性地投入市政府的政策擬定與執行。例如，規劃委員會由 16 位市民志願參與、經市長指定而組成，參與執行西雅圖綜合發展計畫的各種業務，提供來自社區的意見，以供市長、市議員及相關部門參考。委員也直接參與公營出租住宅、成長管理等相關案件的審查工作。

在擬定全市綜合發展計畫的過程中，市長或市議員會到社區中心召開社區會議，向居民說明計畫內容。每個社區也會在會議中提出自己的規劃案，要求討論。社區提案送至市議會後，由議員召集相關委員會，與市府行政部門及提案人討論，達成共識後就成為政府的行政計畫，所需經費便會編入市府預算中。

各個提案社區可以參與預算委員會，出席說明提案的必要性，以爭取其他社區與議員的認同。一旦社區的提案缺乏說服力與可行性，就不可能獲得支持。直接民主並不會導致意見分歧，反而有助於社區間的相互溝通與理解，也促成了社區、議會與政府間的良性互動。

值得一提的是，這種社區參與爭取預算的制度雖然可能耗費時間，但可以充分溝通，讓經費的使用更為公開、公平，市民也可以看到自己繳的稅金到底花到哪裡去。所以，每年的預算審查委員會開會都是社區大動員的日子。從尋找專業者協助、集合居民參與討論、形成完整提案，市民貢獻時間精力在爭取自己社區建設的願景上，樂此不疲。

社區會議，讓市民來當家

2005 年 10 月，西雅圖貝爾鎮進行的一場社區會議就是市民當家的一個好例子。

當天開會的主題,是貝爾鎮再生計畫中的一個購物中心開發案。在社區中心的會場外,一群人聚在一起看著計畫圖,有老有少,最年輕的不過十五、六歲,也跟其他人看著圖發表意見。當開會鈴聲響起,工作人員手搖銅鈴,在會場內外宣告開會時間已到,與會者魚貫走進會議室。與會人數約四十餘人,幾乎社區每個家庭都派人出席,每人手上拿著資料,在會場內交頭接耳討論提案。

會議正式開始,主席是位白髮蒼蒼的老太太。討論過程中,有印第安原住民高談祖先對這塊土地的期望,有年輕女子表示購物中心的道路太靠近社區的籃球場,有人批評公共藝術置放在角落根本就是浪費錢,還有家庭主婦指出購物中心的開放空間設計不適合小朋友遊戲⋯⋯。這個購物中心開發案由西雅圖一家夙負盛名的建築師事務規劃,但仍得面對各種批評。

會議由下午六點開始,進行到將近午夜才結束。逾七個小時的漫長討論,最後社區的共識是:反對開發商在社區內興建購物中心。這個共識被帶到後來市政府的審查公聽程序,購物中心的開發案被正式否決。經過一連串的市民參與程序之後,這個計畫終於被變更為市民農場及公共開放空間。

貝爾鎮的市民農園是一個由社區居民向政府提出的計畫,包含了市民農園與社區中水回收系統的整合。因社區經費不足,社區藝術家提供藝術創作,轉換為工時以抵換政府之經費補助。

鄰水岸的奧林匹克雕塑公園，打造出一處無牆、親水、跨越路障、親近藝術的市民空間。

這次社區會議促成了「貝爾鎮市民農園」（Belltown P-Patch）及「Growing Vine St. 的生態綠化設計」兩個計畫的誕生。這兩個計畫從構想、規劃設計，到說服市政府向建商購買土地，都是透過積極的市民參與而得以實現。這兩個計畫結合了公共藝術及都市生態，為貝爾鎮闢建了西雅圖最令人驚豔的開放空間。從中水回收設施到農園的裝置藝術，每個角落都挹注了社區居民對生態永續與藝術的想像與創意。

奧林匹克雕塑公園的產生，則是另一個西雅圖以市民為主體的都市改造案例。貝爾鎮的水岸空間遭鐵路及公路阻斷，社區居民同樣透過積極的參與，要求利用此一機會縫補空間的阻斷，並以生態系統的修復、在地植栽的復育、藝術環境的創造做為規劃目標。奧林匹克雕塑公園便是回應社區居民意見，而且完全民間籌資完成的成功案例。這個公園為西雅圖市民打造出一處無牆、親水、跨越路障、親近藝術的市民空間。

公營出租住宅興建機制

不同於臺灣,西雅圖市每一塊土地並沒有嚴格的容積率與建蔽率管制,而是透過個案審查的方式,決定容積率與建蔽率。西雅圖公營出租住宅都是透過政府的容積獎勵,由每一個民間開發案附帶興建完成的。所有的土地開發都必須要繳交回饋金,做為市府處理遊民或住宅補貼的財源。西雅圖市將近三分之二的民眾都住在透過這種興建機制產生的合宜住宅及公營出租住宅。

打破開發至上的神話,成為宜居城市

整個西雅圖市區設立了 11 個社區中心、277 個社區公園、一座成為新地標的圖書總館及 27 座分館。這些建設用掉多少經費並非重點,令人難以置信的是,所有的這些花費都是經由市民透過投票或提案決定,也因此使得市民對整體建設滿意度高達 93%。都市村落的理念在西雅圖全面展開,各個社區所提出的三千多個提案,由 5 個社區服務中心匯聚成 38 個計畫,並陸續完成。這些成果讓西雅圖人自豪,實踐了其他城市所難以達到的「新都市主義」(New Urbanism)的美夢。

西雅圖的市民以都市村落這個觀念,做為城市發展的最高指導原則。都市與村落這兩個看似相互背離的概念,被熔鑄為一個名詞,代表西雅圖市民透過反省與批判,擷取兩種生活模式的優點,同時避免掉可能帶來的缺點。西雅圖市民揚棄以開發、成長為導向的主流價值觀,打造「以人為本、追求永續發展」的都市。這個城市不走開發、成長路線,但城市的競爭力卻不受影響,打破了「開發至上」的神話。西雅圖市民利用現代化的科技與知識,重現傳統村落生活的優點。這個城市深深了解掌握合宜的發展規模與速度的重要性,經營出現代化城市難以保有的生活品質。在落實都市村落這個概念時,以社區為基礎的直接民主正是其中的關鍵。

經過二十年的實踐,都市村落的願景終於獲得實現,西雅圖成為全美最適宜居住的城市。
(文‧劉鴻濃、史書華)

City Architect

宛如交響樂團指揮的
城市建築師

近十幾年來，巴塞隆納從工業大城轉變為一個空間發展井然有
序、競爭力居歐洲之冠的城市。其成功的關鍵，便是一系列脈
絡清晰、前後呼應、極為宏觀的城市發展策略。這些策略，是
由幾位「城市建築師」所提出並付諸實施的。

高第（Antoni Gaudi）個性鮮明的建築作品，是大部分人初訪巴塞隆納的第一印象。桂爾公園色彩鮮艷，造型奇特；聖家堂有如天堂在人間破土而出。這些建築，是所有人愛上巴塞隆納的第一步。

然而，巴塞隆納成為歐洲最令人驚豔的城市的原因，不只是個性鮮明、風格獨特的建築，也不單是優美的歷史街區、與現代藝術結合的都市設計。近十幾年來，巴塞隆納從工業大城轉變為一個空間發展井然有序、競爭力居歐洲之冠的城市，其成功的關鍵是一系列脈絡清晰、前後呼應、極為宏觀的城市發展策略。

巴塞隆納最有名的地景之一，高第的建築作品「聖家堂」。

棋盤式的道路系統、標準化的方形街廓規劃佈局，是巴塞隆納都市設計的主要特色。

這一系列的城市發展策略，是由幾位「城市建築師」所提出並付諸實施。巴塞隆納的城市建築師宛如交響樂團的指揮，讓這座城市的每一個部分都能和諧共鳴，並且持續地注入新的靈魂。他們將巴塞隆納脫胎換骨成歐洲最美、最具競爭力的城市之一。

巴塞隆納的城市建築師制度

巴塞隆納的城市建築師制度，其實是在經歷了一場政治制度的革新之後，才成為可能。1979 年，巴塞隆納解嚴，邁向民主化，透過選舉後產生的新政府為了彌補長期以來政治壓抑導致的發展停滯，而展開了大膽的實驗。第一屆民選市長瑟拉（Nasci Serra）希望能替巴塞隆納找出具有開創性的城市發展策略，便積極從學界和實務界尋覓具有宏觀視野的城市規劃人才。波西加（Oriol Bohigas）在建築界有很高的聲望，擔負起這個艱鉅的任務，被任命為第一任城市建築師。

城市建築師必須有傑出的專業能力，在學界與實務界有豐富的人脈及聲望，同時能獲得

巴塞隆納的城市針灸法完成了四百多座的社區公園。圖為 Girona 社區公園，原是堆滿廢棄物的臨時停車場。

市長的充分信任。實踐大學建築設計系副教授林盛豐多年前曾針對巴塞隆納城市建築師制度進行深入了解，製作了一部紀錄片。他指出，在市長的大力背書之下，城市建築師等於有了尚方寶劍，可以提出大規模的城市發展策略與方案。這種創新的制度能使各部門的資源整合集中，朝著共同目標前進，方案落實的速度與效益都大幅提升。林盛豐後來在擔任政務委員時，大力推動縣市政府景觀總顧問制度，正是城市建築師這一概念的引進。

城市建築師制度能在巴塞隆納這個城市出現，奠基於巴塞隆納喜愛建築、尊敬建築師的傳統。

「對巴塞隆納的人民來說，建築就是建立社群面貌和自我認同的基礎，」現任巴塞隆納城市建築師瓜雅（Vicente Guallart）指出巴塞隆納市民對建築的喜愛與認知分為個人與社群兩個層次。以舉世聞名的高第為例，他具創意、風格強烈的建築風格深受當時的仕紳階層所喜愛，常被邀請設計住宅，以凸顯業主的自我品味，也藉著建築展現自我的生活理想與社會地位。

但建築與城市空間的關係密不可分。巴塞隆納的市民都能認知到，每一棟建築的建造不只是私領域的事務，而與城市的整體美感、生活品質息息相關。瓜雅說：「在美國，私人建築只屬於私領域的事務。這與巴塞隆納是完全不同的概念。」

奠基於巴塞隆納市民對建築公共性的體認，城市建築師一職在巴塞隆納相當受到尊重，所提出的策略方案在官方與民間也能獲得普遍的支持，具備了共同向前的動力。

推動都市再生與轉型的關鍵

從瑟拉市長後的三任民選市長，對巴塞隆納的都市發展仍延續相同的關注，也大力支持城市建築師制度。在市長的背書之下，城市建築師成為推動巴塞隆納都市再生與轉型的關鍵。其中，幾位城市建築師的城市發展策略影響深遠：

「城市針灸法」是巴塞隆納城市建築師波西加提出的城市轉型的策略。波西加在城市的窳陋地區，重點式地植入公共開放空間，不但成為當地的地標，重建社區居民的信心，也是此區將逐漸轉型的訊息。整頓公共空間的做法既快又省去與私部門協商談判的過程。這個公共開放空間的出現，先局部改善社區的生活品質，引入新的人口、活化社區，逐漸引起街區再生的良性循環。這個策略廣受城市規劃專業者的肯定，台北市都市更新處的 URS（Urban Regeneration Station）與此一策略，即有異曲同工之妙。

接著，1992 年巴塞隆納奧運場區的規劃，是城市建築師亞契畢羅（Josep Acebillo）的重大使命。當巴塞隆納獲得奧運舉辦權著手規劃奧運場地時，巴塞隆納便設下特定的目標區域，由當時的城市建築師亞契畢羅帶領各部門協調出願景與發展策略後，市政府各部門打造出公私合作平台，創造出各種政策誘因與籌碼，以達成城市再生與活化的目標。

「因為有城市建築師的整合，巴塞隆納的奧運才會至今一直被記得，」瓜雅驕傲地說。奧運場館所在地的山丘地區成為著名景點，觀光客一批批搭著纜車朝聖。穿著慢跑鞋，順著山路在這一區慢跑、俯瞰市景，是市民的最愛。位於海邊的選手村如今也發展成商辦和住宅混合的新興社區，打開了過去因工業區阻隔而無法接近的海岸地帶。

瓜雅指出，巴塞隆納靠著奧運及後來爭取到的世界文化論壇等國際活動，引入開發能量，進行都市更新。都市更新帶來高品質的居民及新的經濟活動，讓舊社區有了新的面貌。「雖然奧運帶來了機會，關鍵還是宏觀的視野與有效的領導，一切才有可能！」他進一步強調。有了城市建築師的策略思考與細膩的規劃，推動奧運的相關建設時才不至於亂了步伐，而白白浪費難得的機會。巴塞隆納掌握了這個契機，開啟成功轉型的大門。

城市建築師的跨部門整合角色

城市建築師的職責包括：
1. 提出「都市再生轉型的模型」（City Transformation Model），以及城市的發展策略。
2. 提出策略性發展下的「都市發展項目」（urban projects）。
3. 為都市發展項目的整合與管理建立一套具參考性的標準。
4. 透過市府各部門間的橫向整合，管理監督都市發展項目的推動。

奧運村的選址規劃將原本閒置的舊濱海工業港區整頓成一系列濱海活動空間、服務設施與餐廳旅館，重新連結了城市與港區的關係。

曾在世界各地與各國政府合作，國際經驗豐富的瓜雅指出，歐盟體制將國家的藩籬降低，競爭的主體已從國家轉為城市，這一波的城市競賽從歐洲先展開。當交通、語言障礙在亞洲國家間降低，亞洲的城市競爭也將展開。「政府必須要為自己的城市創造價值，堅持多元、充滿行動力，否則人才與資金將會尋找更友善的城市而離開！」

巴塞隆納在城市建築師制度下的都市發展進程

1980-1990 年，城市針灸法

城市針灸（Urban Acupuncture）強調個案比整體規劃重要，主張這個規劃理念是在城市中植入許多點狀的公共空間，取代長時間、全面性的整體規劃，以立即改善城市空間，獲得更舒適的居住環境。例如，整理一座廣場或公園、建造一個博物館、鋪一條街的人行道、植栽樹木……等。巴塞隆納在執行城市針灸法的十年期間，共創造了四百多個小型開放空間，成功地在短期之間提高了城市的空間品質，成為國際間著名的「巴塞隆納模式」。

1986-1992 年，奧運園區及其周邊都市更新

成為 1992 年的奧運主辦城市為巴塞隆納的城市改造帶來另一個新契機。這個城市改造策略，除了包含 Montjuic 山上的運動場外，還有奧運村及奧運港區規劃。刻意將奧運村選在原本閒置的舊濱海工業港區，並配合拆除沿海鐵路線、環狀道路的地下化、整頓一系列的濱海活動空間、服務設施與餐廳旅館……等，重新連結了城市與港區的關係。整個區域藉由大型賽事成功轉型，蓬勃發展，成為國際級的觀光城市。

1992 -2004 年，藝術城市行銷與躍升式發展策略

奧運結束後，巴塞隆納市政府以文化及公共建設為核心，積極投入改善公共建設，加強公共藝術推廣，做為城市行銷的起點，並爭取舉辦大型國際文化藝術活動的機會。利用國際行銷活動帶動地方建設發展和繁榮，以文化藝術建築大城，再造「巴塞隆納經驗」。其中包含 1992-1999 年間的巴塞隆納港區更新活化計畫，以及 2004 年的世界文化論壇活動（2004 Universal Forum of Cultures）。

2001 年迄今，社會經濟與空間整合性地區更新計畫

將城市老舊地區發展結合產業轉型的策略，企圖從經濟與社會面著力，對閒置的工業區進行整合性的空間活化與翻轉。主要計畫為 2001 年提出的「22@Barcelona」 Poblenou 舊工業區再生計畫。從 2001 年營運至今，已創造了五萬六千多個工作機會，成功轉型為以知識經濟為產業體系的歐洲城市。

經過不同時期的實驗，現階段巴塞隆納城市建築師的橫向整合機能受到前所未有的重視。以現任城市建築師瓜雅為例，他必須將五個部門（文化、環境、建築、社會、經濟）與都市發展相關業務整合，在其中找出具有創意、能讓巴塞隆納在國際城市競爭中維持領先的策略。他統合的業務旗下共有兩千個公務員，負責全市十個區域、上百個開發案。「要確保所有人都往相同的方向前進，每分錢都不能浪費，」瓜雅指出，人們對城市的要求不再只是經濟，還有文化、生活品質、國際化等課題。

巴塞隆納城市建築師最近帶領市政團隊，所提出的方案走向跨部門整合型的創新型態，22@Barcelona 就是一個成功吸引國際注目的案例。這個計畫以城區內的工業區為更新目標，在舊城區內帶入新的產業聚落。不像常見的大型科學園區，這個園區沒有圍牆，透過容積獎勵與其他獎勵措施引進小規模的開發，吸引國際高科技創新產業進駐。22@Barcelona 結合都更與經濟發展的策略，讓城市內的生產變成可能。

為了引入資金、人才與技術，讓高科技產業這個地區生根，巴塞隆納連續五年舉辦了世界行動通訊大會（Mobile World Congress），經濟部門負責招商、建築部門推出鼓勵特定產業投入都市更新的政策，環保部門與創新科技廠商合作，釋出新科技的實驗空間等，一系列綜合市府各部門的政策朝著同一目標前進，企圖打造「世界行動通訊之都」，也讓這個城市在經濟型態、科技創新、產業升級、都市規劃各個面向，都能成功轉型 。

為了推動像這樣的整合型方案，從設定願景、內部理念溝通，到協調各部門提出相應之行動策略，必須花費一定的時間，「這是無法避免的。如果為了速效而推出短期的策略，那一定會有後遺症，」瓜雅舉例，五年前為了解決市內住房不足，市政府倉促推出大量住宅開發案。但後來遇到金融海嘯、銀行緊縮融資，計畫面臨了很大的挫折。巴塞隆納市政府反省之後回到根本，利用整合的政府部門推出完全不同的目標，研擬出生產性鄰里社區（Productive Neighborhood）的策略。

生產性鄰里社區

所謂生產性鄰里社區，就是將社區的土地使用管制鬆綁，發展成多用途的街區，引進資通訊、創意、設計、高科技等相關的產業。在社區引入產業投資的同時，也要求建造一

2004 年舉辦的文化論壇推動了另一波的開發計畫，包含一系列以不同文化主題規劃成的濱海廣場、公園步道等公共空間。

定比例的住宅，將經濟發展與住房問題在都更的過程中配套解決。這個策略雖然較慢，但也減低過度投資的風險。

要達成這一類的整合性目標，必須依賴整合的行政系統提出長期的解決方案。不只是建築部門必須轉向，經濟發展部門也必須配合引入特定產業，甚至輔導就業或管理移民的部門也必須合作。「不這樣做，一座城市可能會崩解，」瓜雅語重心長地指出。

但這樣的政策目標，在傳統的政府體制內卻很難辦到。經濟部門沒有空間，做不到鼓勵企業進駐的優惠；建築部門則無招商功能，要都更恐怕只能靠自己出錢，或者由開發商主控；環保部門想發展再生能源科技，解決環境問題，鼓勵創新卻不是其業務內容。沒有「城市建築師」跨部門協調、確保向同一目標前進，政府就有如一盤散沙。

巴塞隆納城市建築師必須協調文化、環境、建築、社會、經濟等部門的業務。因為「對我們來說，相當清楚的是，城市內的公共空間就是改善文化、環境、建築、社會、經濟這些問題的籌碼。」瓜雅說。

九〇年代以來，巴塞隆納脫離工業城市的發展模式，在競爭劇烈的全球化浪潮下急需重尋自我定位。這個城市在不同時期推出了不同的都市轉型策略，都達成其預設的目標，獲得成功，而被國際間譽為「巴塞隆納模式」。成功的關鍵，就是城市建築師。而今天的巴塞隆納城市建築師，正以宏觀的視野帶領著這個城市，以跨界整合、創意城市與國際網絡做為城市的發展策略，奔向下一個發展的高峰。（**文·劉致昕、陳雅萍**）

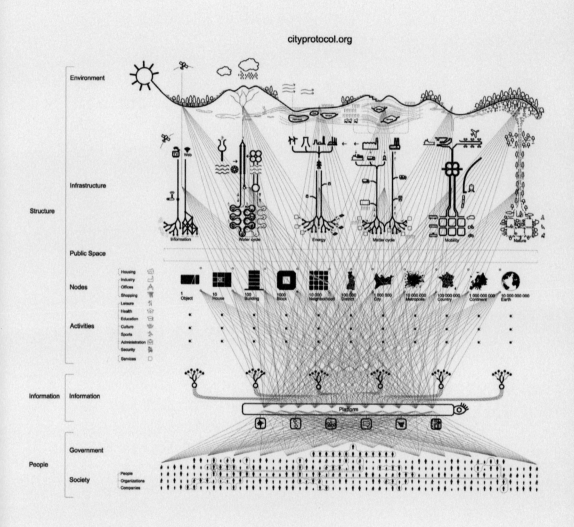

cityprotocol.org

Cityprotocol 計畫是現任巴塞隆納城市建築師瓜雅提出的新觀念，試圖以巴塞隆納的經驗為基礎，創造一個可以讓世界各主要城市相互溝通聯結的共通語言，以形成一個國際城市網絡。

DNA /3

城市的智庫

城市發展的課題千頭萬緒，必須有宏觀的思考與長期的發展策略，因此，每一個城市的決策品質往往取決於其智庫的品質。許多城市的領導者仰賴決策圈的智囊團，並沒有長期研究一個城市、對城市主要議題累積充分資訊的智庫的支持。

直屬首爾市政府的首爾研究院，編制了上百位博士級的研究員，提供首爾市政府充分的決策支援。舊金山的 SPUR 是一個有百年歷史、關心市政的民間組織，逐漸發展為民間智庫。這個智庫保持民間立場，但專業性極高，深獲市府的重視。德國的國際建築展則是一個非常獨特的機制，舉辦城市在國際建築展策展組織的協助下，針對該城市的特定困境進行前期研究、界定問題，然後向國際專業者、規劃師、建築師廣徵具原創性的解決方案。這個機制在德國城市創造出亮眼的成績。

Seoul Institute

市政府的智囊團

首爾市政府的智庫—首爾研究中心持續研究首爾都市發展的各
種課題，長期關注整個都市空間型態，在首爾成功轉型為一個
全球矚目的國際都會的進程中，功不可沒。東大門的轉型、清
溪川計畫、大眾運輸系統的大改革、北村韓屋村的聚落保存，
都有賴首爾研究院的前期研究與政策建議，為二十一世紀的首
爾市奠定了宏觀的發展基調。

600 年前首爾建城時，清溪川就一直做為橫貫市區南北的分界。二戰後，因應經濟發展的需求，加上河川的長期污染與氾濫成災，市政府於 1961 年在清溪川上加蓋，並在 1971 年開闢高架道路，成為首爾市區的重要交通動脈。這條長達 5.8 公里的高架橋宛如一堵大牆，使得南北首爾逐漸呈現不均衡的發展。在南邊，政府投入大量資金修築現代化建築，北邊的舊市區則相對處於落後。

經過二十多年，這條高架道路因為老舊導致安全疑慮與修復費用過於龐大（估計需要9,500 萬美元），成為令人頭疼的棘手問題。2002 年李明博競選市長時，將整治清溪川、拆除高架公路做為重要市政目標，當時還被人訕笑，認為此工程不但費時且困難重重。當地商戶也因不願搬遷而紛紛表示反對。李明博順利當選後，曾向公眾遊說四千多次，使大家相信這項工程的價值。另一方面，考量地方人士對於保存清溪川的強烈渴望，市政府決定，這項重大計畫要將河川、交通及地區經濟發展的種種問題都納入其中。

然而，落實理想真是困難重重。單是交通問題，就需要全盤改造才能解決。清溪川高架道路原本是市中心的重要幹道，但是過多的車輛早已讓首爾的塞車問題嚴重，也阻礙了都市的發展。可是，若將高架橋拿掉，每天數萬輛的車要怎麼走？河川重見天日，鄰近地區的景觀改變後，要以什麼樣的發展計畫帶動周邊的都市再生？諸如此類的問題就都落在市政府智庫——首爾研究中心（原名 Seoul Development Institute，2012 年更名為 Seoul Institute）的肩頭上。

首爾亮眼表現的幕後功臣

首爾的都市發展在近年來締造了不少令人讚賞的成績，深入研究這些政策，從形成到推動，共同交集點都是首爾研究中心。

首爾研究中心由首爾市政府於 1992 年創立，專責協助市政府擬定都市發展政策。研究中心的建物座落在首爾南區的藝場洞，從外觀上看是與一般公司並無二致的平凡建築物，卻是二十年來影響整個首爾都市發展的重要基地。首爾研究中心的核心任務有：為市政府各部門籌劃中長期都市計畫；研究市府當前面臨各項課題的解決對策；有效導入中央政府、地方政府政策，

清溪川拆除長達 5.8 公里的高架道路，建設為景觀河川，被視為首爾都市再生的標竿之一。

以及國內外各研究機構的政策建議；定期出版研究成果；配合各類研究與學術研究，促進資訊交流與互動。

中心研究人員博士學歷約有二百餘人，加上研究助理、行政助理，整個中心約有四百人，匯集了首爾市的各個都市研究領域專家，包括都市計畫、交通、住宅政策、環保，以及

首爾研究中心組織架構表

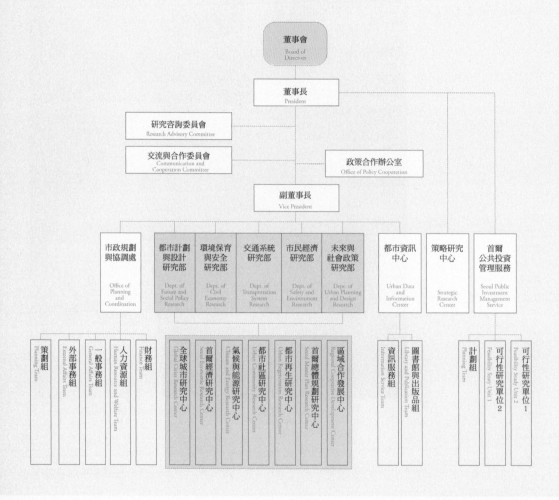

市政管理等。中心目前設有九個研究編組，包括：

1. 首爾公共投資管理服務：直屬研究中心院長管理，主要在為首爾市政府各項公共投資計畫評估可行性與提出可行方案。
2. 策略研究中心：亦為直屬院長的部門，針對市政府執行面的策略提供研究成果與意見。
3. 市政規劃與協調處：主要以市政組織、人力整合為主要研究方向，獨立統籌轄下的五個團隊，分別為財務、人力資源、總務、外部事務及規劃團隊。
4. 未來與社會政策研究部：以國際化、全球化為導向，研究首爾未來發展的可能議題。
5. 市民經濟研究部：研究以首爾為主的區域經濟發展及市民安全，包括犯罪防治、社會福利政策。
6. 交通系統研究部：研究大首爾地區交通系統。
7. 環境保育與安全研究部：研究空氣污染防治，以及包括水、森林、動物、文化資源等保護。
8. 都市計畫與設計研究部：研擬首爾綜合發展計畫。
9. 都市資訊中心：負責整個首爾研究中心的圖書館、出版品，以及電子資訊服務等工作。

在組織架構上，首爾研究中心有別於一般常見的「部門分工」，著重「部門合作」。在實際的執行工作上，打破學科間的隔閡，而由各部門整合人力，設立七個以都市議題為導向的研究中心，分別為：區域合作發展中心、首爾主要計畫研究中心、都市再生研究中心、都市社區研究中心、氣候與能源研究中心、首爾經濟研究中心、全球都市研究中心。七個研究中心的特色在於其議題的整合性。以都市再生研究中心為例，該中心不僅有都市計畫學者，更有研究區域經濟、文化保存、公共交通系統等不同領域的研究人員，從各自的專長進行實質研究，並彙整成果，提供市政府參考。研究中心還自創了「首爾學」（Seoul Studies）這個名詞，歷經二十年、綜合各層面的研究成果，發表將近 1,550 種研究報告。2000 年，研究中心彙整歷年對於首爾市政的研究，出版《首爾都市管理》一書，整理出該中心對首爾城市發展的政策建議，以及獲得具體結果的項目，包括：

1. 在都市計畫層面上，提出兼顧環境與永續的發展都市空間構想。
2. 提出大都會地區的成長管理政策，揚棄以小汽車所建立的發展想像，不再以高速公路興建為前提，提出以大眾運輸為基礎的都市發展模式。

3. 強調以公共捷運系統結合公車的網路功能。
4. 提出以漢江為界分南北二個主要區域，將原有江南區的傳統工業區汰換為商業與資訊工業。
5. 提出以公共投資為主的公營出租住宅政策，以彌補私部門的住宅建設不足，以及市場高價化、驅逐低收入戶的困境。

市區改造從交通系統開始

將交通系統的改造與清溪川整治相互搭配，是李明博主政時期的重要政績。1970 至 2002 年間，往返首爾市中心到郊區的旅次由每日 570 萬人成長至 2,960 萬人。經濟成長導致小汽車數量快速成長，使得公車搭乘人數由 1974 年起開始下滑，公車業者營收不斷下降，出現財務赤字。每天，首爾都會區有 17 萬輛小汽車穿梭，而當時的公車系統是否能在拆除清溪川高架道路後負起重責，一直備受質疑。

首爾研究中心在清溪川整治的同時，提出了市區巴士系統整合計畫，李明博政府採納建議，著手公車系統的全面改革，以「在首爾市政府的管轄範圍內，重塑公車服務的形象」為主要目標。2003 年 8 月成立公車系統改造市民委員會（Bus System Reform Citizen Committee，BSRCC），成員包括首爾市政府交通單位、市議會、公車業者協會、市民團體代表、交通專家和律師等共計 20 位，共同商討各種改善首爾交通的議題與解決方案。歷經將近一年的努力，在 BSRCC 的協調下，於 2004 年提出新的公車整頓方案，包括：

1. 路網結構的變更：以公車專用道為主的幹線服務，支線則行駛於集散道路及地區道路，路線變短。幹線與支線主要匯集點設置便利的轉乘中心，以利轉乘與接駁。此外，並將公車分為幹線、支線、廣域及循環四類，以顏色區分服務類型，成為首爾公車的特色。
2. 公車專用道：連結衛星都市至市中心、郊區至市中心的主要幹道，提供便捷及時的公車服務。
3. 路側市區公車轉運中心：為方便轉乘與接駁，於沿幹線公車專用道旁設置大型公車轉乘中心。

繼清溪川整治之後，北村韓屋是代表首爾都市發展新思維的另一重要指標。

4. 公車收費制度改革重點：以新一代的 IC 智慧卡「T-Money 卡」方便民眾搭乘，並擬定新的公車收費制度。

5. 公車路權營運與管理改革：收回原已釋出的公車營運路權，由政府統一規劃路線、採購公車。

6. 引進「智慧型公車與交通管理系統」（Seoul Transport Operation & Information Service，TOPIS）。

公車制度在改革後，平均行駛速率增加近 20%，其中，公車專用道的使用更讓公車行駛速度提升了 32% 以上。由於公車與私人車輛間干擾減低，連帶使私有車輛的行駛速度同時獲得提升。2004 年，公車事故數量比 2003 年減少了 26.9%，民眾對公車的投訴也大幅減少。

清溪川整治從 2003 年 7 月開始,到 2005 年完工。由於大眾交通系統的改造,清溪川成為市民方便接近並享有清新空氣的新都市空間。最重要的因素,乃在於人潮不再仰賴小汽車,而方便的大眾交通系統也讓整個清溪川計畫,甚至整個首爾市,整體產生都市景觀大幅改觀的效果。首爾,從依賴汽車的城市轉變成以人行步道、大眾交通系統所構築的「步行城市」(Walkable City),也讓市政府能夠在爾後的都市通盤計畫中,發展 TOD(Transit-Oriented Development)系統及以交通節點為中心的都市發展模式。在很短的時間內,清溪川成功負擔起首爾市新世紀的象徵,同時也帶動整個都市型態的改變,使首爾邁向世界公認值得學習的生態都市。

北村韓屋以傳統建築風格的住宅而聞名。

文化保存的成果

繼清溪川整治之後，北村韓屋可以說是代表首爾都市發展新思維的重要指標。

北村韓屋村是一個韓國傳統村莊，地處首爾鐘路區，鄰近景福宮、昌德宮和宗廟。該村以傳統韓國建築風格的住宅而聞名。

現在的北村韓屋，有部分遊客認為商業活動過於氾濫，已經影響到整個風格。然而，北村的可觀之處仍然吸引國際觀光客絡繹前來，想要親身體會傳統韓國建築的精緻與特色。在錯落的巷道穿梭過程中，許多精緻牆面與屋瓦令人流連駐足。

北村韓屋座落於首爾的精華區，在房價比臺灣高出將近一倍的首爾能保存大面積的老屋，令人驚訝。其實，北村在首爾發展的過程中也曾面臨被摧毀的危機。尤其是在經濟發展掛帥的時代，這些原本破敗的老房子，年輕人紛紛遷出，任由老屋頹敗甚至傾倒。首爾市政府曾提出更新計畫，將此區改建成跟周圍一樣的商業大樓、新式住宅。

首爾研究中心的學者朴賢燦指出，在一九七〇年代的都市發展壓力下，北村鄰近區域的高樓大廈一棟棟蓋起來。2000 年開始，政府才開始著手北村的保存計畫，主要工作由首爾研究中心主持。首爾研究中心的政策建議包括：

1. 建立韓屋保存系統。這套系統是為了建立首爾市韓屋完整資料而設計，內容包括由所有人自願向市政府登記，以及市政府提供修建津貼或貸款等制度。
2. 市政府收購願意放棄所有權的舊韓屋，由市政府自行出資整修。
3. 市政府擬定鄰近環境改善計畫。

政府對於韓屋再利用投入相當的人力與資金，協助住戶在兼顧經濟需求的情形下開店或出租。配合觀光上的需要，在人員解說、參觀路線設計等軟硬體設備方面，都朝國際化考量。北村韓屋計畫獲得很大的成功，成為首爾文化觀光與古蹟保存的典範。2009 年，獲頒聯合國教科文組織的「亞太區文物古蹟保護傑出項目獎」，以表彰這個保存與都市再生計畫的成功。

社會住宅政策頗具成效

首爾市面積約 605 平方公里，佔全國土地面積不到 1%，卻有四分之一的人口住在這裡。如何使人民安居於此，勢必是棘手難題。首爾的住宅政策歷經了不同階段的改變，從違章建築的滿佈全城、政府強拆引起抵抗，逐步轉成為集全民之力打造公共租賃住宅，並結合福利與醫療等設施提供人民合理居住環境的新政策思維。

針對公營住宅政策，首爾研究中心也提出了中長期計畫。其中，在《首爾都市管理》一書中更針對首爾地區的住宅議題提出照顧低收入族群為主的公營出租住宅政策，與首爾住宅公社在策略上密切合作。經過十餘年的實踐，首爾的公共住宅提供率已高達 12%。首爾世宗大學的金秀顯教授認為，首爾研究中心在 2000 年針對社會住宅提出的觀點，與當時普遍以私部門為主的開發模式背道而馳。但是長期下來，首爾公共住宅在福利設施的整合、照顧低收入族群的住宅需求上頗受肯定，首爾研究中心的長期倡議功不可沒。

觀察首爾研究中心的各種成果時不難發現，透過這種穩定的研究機構設置，專業研究人員有穩定的制度與豐富的資源，可以獲得專業上的成長。雖然，世界各國也都有類似的研究機構，或者如臺灣的做法，由政府與學術機構或大學合作進行各種研究委託，然而首爾研究中心具備相當的獨立性，以及二十年研究單一城市的專一性，方向非常明確；對於地區內的議題能長期投入，累積成效，不同於臨時任務編組的短期拼湊，而能有極為豐碩的成果。在這種研究與政策的緊密結合下，研究人才有了實務工作的豐富經驗後，更能與學院教育資源互相為用。當今首爾幾所大學都市計畫相關科系的重要研究人員幾乎都是出身於該研究中心，就是最好的印證。

在全球化、都市化的浪潮中，首爾早在二十年前便設立了專屬的研究機構。首爾研究中心基於對首爾都市發展各種議題的持續研究，以及對整個都市空間發展型態的長期關注，因此能對首爾的城市轉型提出有效的政策建議。首爾能轉型為世界矚目的國際都會，首爾研究中心居功厥偉。（文‧劉鴻濃）

SPUR

帶領城市發展百年的
民間智庫

做為獨立智庫的 SPUR（San Francisco Plaining and　Urban Research Association），其權威性建立在公正的立場與堅實的專業之上。不同於多數以抗衡政府錯誤施政為主要使命的民間團體，SPUR 憑藉第三方組織的客觀性與專業性，扮演智庫角色，進行政策研發，帶領城市發展。SPUR 與市民有良好的溝通平台，深獲信賴，與舊金山市政府建立地位平等的夥伴關係。

舊金山市區市場街（Market Street）以北是中心商業區，這裡有聯合廣場的時尚購物區及高樓林立的金融辦公區。穿過芳草地廊道（Yerba Buena Lane）往南走，不同於一街之隔的市場街北側，城市氛圍轉為輕鬆悠閒，眼前出現一大片綠油油的草地廣場，人們正享受午後的陽光和爵士樂表演。

這個被舊金山人稱為「新藝文中心」的區域，近年來成為上班族和附近居民忙裡偷閒的後花園，也是觀光客必遊之地。在此除了可以享受陽光、草皮及音樂外，公園周邊還有數間大型博物館、美術館，以及二、三十間藝廊。三個大型街廓足以讓遊客好好地逛一下午。

這裡就是「爾巴博納中心」（Yerba Buena Center）更新計畫區——舊金山近年來最成功的都市更新計畫。這個區域緊鄰都市核心，歷經多次提案失敗與延宕，歷時四十年，才

位於爾巴博納中心的芳草地花園，一大片綠油油的草地廣場，成為市民、遊客的休憩之處。

1906 年舊金山大地震後的火災災後景象。

得以從凋敝的街區脫胎換骨。對舊金山而言，四十年的經驗除了換取環境的改善、經濟的帶動及周邊的房產增值之外，更珍貴的是找到了政府、市民和第三方專業組織間的合作模式，為舊金山的都更找到最佳出路。這個模式，值得所有正在推動都市更新的城市深入了解與學習。

SPUR 的緣起

市場街以南的索瑪區（SOMA）舊地名是「纜車線槽之南」（South of the Slot）。因為鄰近市區的纜車路線、碼頭及高架道路交流道，索瑪區在舊金山工業發展的全盛時期成為各類工廠及貨運倉儲的聚集地，許多淘金的移民工人也都居住於此。1906 年舊金山大地震，一場火災幾乎燒毀了全市，這個工業重地也無以倖免。此次的災難結束了被稱之為「線槽之南」的年代，索瑪區展開第一波的更新重建。

地震引發的大火延燒了三天三夜，許多人失去棲身之處，也使這個區域成為廉價住宅的集中區。許多房子內部被隔成很小的房間，以便宜的價格租給外來移民、老人與勞工，成了名符其實的貧民窟，社會問題也隨之而生。

1910 年正是災後重建的高峰期。為了改善舊金山大地震後的住宅品質，一群士氣高昂的年輕精英聚在一起，針對公共住宅議題發表了一份措辭尖銳的研究報告。這群人就是當時的舊金山住宅協會（SFHA）的成員。那份報告產生很大的影響，甚至衍生了 1911 年的「出租房屋法」（the State Tenement House Act ,1911），也為這個非政府組織記下了第一筆功績。

一九三〇年代，SFHA 致力於倡導公共住宅政策，在與另一個民間組織 Telesis 合併後，改名為「舊金山住宅與規劃聯盟」（San Francisco Planning and Housing Association，SFPHA），擴大關心的議題包括區域成長規劃、公共運輸和經濟復甦。

經過十七年的努力，1959 年 SFPHA 重整為現今的 SPUR，全名為「舊金山規劃及都市研究協會」（San Francisco Planning and Urban Research Association）。這個由私部門成立的非營利專業組織，由市民、企業及政府代表共同組成，長期關心社區規劃、防災規劃、經濟發展、住宅、區域規劃、永續發展、交通運輸等各種議題，累積了寶貴的經驗。舊金山城市規劃局（San Francisco's Department of City Planning），正是因為 SPUR 的強力建議而成立的。

SPUR 參與了舊金山每一個重要的規劃決策，不但是市民追求美好家園理想的代言人，也是市政府推動各項都市政策的顧問與夥伴。

命運多舛的更新計畫

一九五〇年代，美國各主要城市出現了一波都更熱潮。1952 年 SPUR 向舊金山市政府提出索瑪區的更新構想。「我們告訴市政府，舊金山很多都市問題，都與市中心索瑪區有關。若不進行更新，這個地區將對舊金山產生毀滅性的影響。」全程參與這個更新案的索斯（Helen L. Sause）敘述索瑪區都市更新的緣起。

SPUR 提出索瑪區更新建議的隔年，舊金山市議會就通過這個提案，劃定出以 12 個街廓為範圍的更新區域。當時的都市重建局局長何曼（Justin Herman）發表聲明：「索瑪區已成為舊金山市幾個窳陋地區之首，破敗的情況衍生出許多社會問題與犯罪行為，情況

爾巴博納中心更新計畫之一，莫斯康尼（Moscone）會展中心。

已嚴重威脅到我們的社會，甚至將使這個城市瓦解。有潛在價值的土地卻未能有效利用的情況，不應繼續下去。」於是，爾巴博納中心的更新計畫正式啟動。

第一個十年，爾巴博納更新計畫進行得非常順利。SPUR 花了數年的時間研究，協助舊金山都市重建局提出了一個重建計畫，包含 900 萬平方英呎（相當於 25 萬坪）的辦公大樓群、大型會展中心與 4000 個車位的停車場。這個計畫符合都市重建局局長何曼先前的聲明內容，每一寸土地都被完善利用，藉以增加土地的稅收與產值。當時，市政府對於進步城市的想像，無非是創造一個車水馬龍的辦公大樓區。1966 年 4 月，爾巴博納更新計畫終於取得州政府的批准，舊金山都市重建局也籌備了足夠的資金，準備就緒。然而，意想不到的事情發生了——社區居民堅決反對這個規劃案！他們不同意社區引進那麼多辦公大樓，卻沒有公園、兒童遊樂園供孩子使用。這些聲音讓長期投入籌備工作的人大感意外。

芳草地花園（Yerba Buena Gardens），位於莫斯康尼會議中心的屋頂。

同一時間，舊金山勞工委員會的祕書長約翰（Jorge John）也對外發表了一篇反對的文章，指出「投機的房地產操作者，將藉由這個更新案排擠掉城市中的一些功能。會議中心和辦公大樓將佔領這個區域，取代原有的工業用地，使原本的許多工作機會消失，衍生出貧窮及社會問題。」約翰認為，「一個平衡新舊機能的更新計畫，遠比全面清除既有機能的更新方式更為合理。」這些聲音，獲得不少回響。

儘管反對的聲浪四起，市政府仍然堅持原意，拆除、迫遷的工作從 1967 年正式展開。拆除的行動，引來民眾的強烈反彈。有位八十歲的老先生伍佛（George Woofle）領導了一個名為「租戶與屋主抗議團體」的組織，憂慮老人居所的消失，率先發起抗爭。當時，這個區域有 33% 的居民為 60 歲以上的老人，平均收入只有 2,734 美元，是全市平均值的四分之一。他們向法院提出訴訟，要求市政府必須在更新案中增加 2,000 戶的出租住宅，但始終無法與市府達成協議。這個僵持不下的局面，導致整個更新案停滯不前。反對、抗爭多方浮現，溝通協調竟又花了十年的時間。

轉機的出現

終於，事情在 1976 年出現轉機。新上任的舊金山市長莫斯康尼（George Moscone）決定設法解決這個僵持不下的局面。他指派了 17 位各界專家代表，組成一個專案顧問委員會，並親自主持會議。六個月後公布新的規劃準則，明訂更新案內容必須增加公共開放空間、公共設施、小型辦公室及住宅區等。整個案子因此全盤改變。有了先前的教訓，這一次，都市重建局採取了非常細緻的推動方式。分為以下三個軸線：

第一個軸線是「評估」。委託專業的顧問公司進行市場開發評估，包括各種開發組合及成本的試算。

第二個軸線是「規劃」。以國際競圖的方式，公開徵選新開發公司與規劃方案。在十家競爭者中脫穎而出的是加拿大多倫多的 O&Y（Olympia and York），一家跨國公司。

第三個主軸是「溝通」。透過一連串的公聽會、研討會，與社區居民及民間團體溝通，讓民眾了解新的規劃案，並傾聽他們的意見。

都市重建局體認到三個主軸同時進行的必要性，讓市府、開發商與社區居民共同參與規劃，希望經由多方溝通、凝聚共識後，才開始進行都更。這個做法，史無前例。然而，實際開始執行這個無前例可循的模式時，困難重重。市府、開發商與居民三方之間的專業知識存有極大落差，關心的利益更大相逕庭，居民感到居於劣勢，抱持不信任與懷疑。三方各峙立場，討論無法達成共識。

發揮關鍵作用的 SPUR

僵局中，SPUR 的介入發揮了關鍵作用。

全程參與整個推動過程的索斯表示，當時都市重建局成立了各式各樣的委員會進行一連串的公聽會，每週在各個社區舉辦。除此之外，SPUR 也以非官方的角色舉辦討論會，與民眾對話。

索斯曾任舊金山都市重建局祕書長及 SPUR 董事，身兼國際 NGO 組織 Lambda Alpha International 的理事與顧問，在都市規劃領域享有盛名。她代表 SPUR 整合各方意見，是推動這個都更案的靈魂人物 。「當時我每天清晨出門，逐家逐戶拜訪居民，整理、記錄他們的意見和需求，再到開發商的辦公室聽簡報、提意見。晚上，還要與市府官員、開發商、民代座談，日復一日忙到深夜。」

全程參與索瑪區更新案的 SPUR
董事索斯女士（Helen L. Sause）

SPUR 的成員又花了十年的時間，終於成功整合各方意見。這些意見，最終轉為一份厚達三千多頁的文件，成為多方的開發協議內容。文件訂定了所有相關細節，包含整體規劃、公共設施的項目，後續的營運維護、藝文活動的運作模式，旅館的招商計畫，開發資金的取得與營運等等，所有的細節公開透明。

索斯說：「我認為，這是一個真正與市民溝通、達成協議的過程。這個過程，幫助我們決定如何建造我們的城市！」

談起這條漫長的都更之路，2011 年首次接受臺灣媒體採訪的舊金山市長李孟賢對記者說：「我們從過去的經驗學到，時間，有時候是必須付出的代價。」

從索瑪區的都更案中，舊金山市政府創造出一個官方、民眾和開發商三方協商的溝通平台，以及一個史無前例的參與式規劃模式。由 SPUR 主導的三方協商，以非正式的形式開放民眾參與討論。在定案之前，先凝聚共識。每天持續進行協商討論，直到達成共識，提案才會送到市政府進入正式的程序。SPUR 的角色，不僅止於這類更新計畫案的推動。事實上成立至今，他們的目標就是「透過研究、教育和宣導來促進更好的都市發展及城市治理。」一百多年來，他們一直持續地在落實這個理念。

公正的立場，堅實的專業

成立已逾百年的 SPUR，如今已是舊金山的權威城市研究機構，活躍於官民之間，被譽為舊金山市最具公信力與影響力的獨立智庫，在城市發展的每一個重大決策中從不缺席。

SPUR 執行主任麥特考夫（Gabriel Metcalf）說：「自 1959 年起，SPUR 就是舊金山城市問題研究的領導者，研究宣導的內容不僅是城市計畫，還包括交通、環保等舊金山的重要課題。」在這個人口 85 萬的城市，有上百個 NGO 組織，是什麼條件得以讓 SPUR 成為麥特考夫口中的「領導者」？

SPUR 組織由 70 名董事組成，是組織的核心成員，都是都市規劃相關領域的專業人士，其中有 29 名專職工作人員，但真正的力量來自數萬名個人會員及企業會員的參與和支持。「SPUR 是一個組織嚴謹的市民組織，不僅代表整個城市，而且力量非常強大。因為 SPUR 從不一昧地抗爭，對城市議題具有技術及研究分析能力，」索斯點出了 SPUR 成功的兩個關鍵：立場與專業性。

SPUR 的董事會成員包括市民、企業與政府代表，結合了企業與政府的宏觀視野與執行經驗，並能傾聽民意，所以能對都市發展提出專業而深刻的看法。董事的遴選原則嚴守組織的性別平衡、族裔平衡、政治立場平衡、企業代表與鄰里代表人數平衡等原則。這些原則除了能夠確保 SPUR 的立場客觀外，更重要的是集合了各方經驗，同時強化專業性。組織的公信力，就建立在公正的立場、堅實的專業這兩個基礎之上！

從監督轉變為合作

不同於諸多以抗衡政府的錯誤施政為主要使命的民間團體，SPUR 得以藉由其第三方組織的客觀性與專業性扮演智庫的角色，進行政策研發，帶領城市發展。SPUR 與市民有良好的溝通平台，深獲信任，與舊金山市政府則形成地位平等的夥伴關係。

SPUR 設立的「政策委員會」，其實就是舊金山城市政策發展的智庫。透過這個委員會協助舊金山市政府找到正確的政策發展方向，正是 SPUR 的核心工作之一。「政策委員會最關鍵的工作在於了解問題的癥結，接著進一步分析研究，解決問題！」SPUR 的現任董事、都市規劃專家邵啟興說，委員會由固定的董事及會員負責運作，每年與政府高級主管召開 10 次正式會議，是一個正式的政策討論平台。由政府先行提出政策的初步構想或政策推動的困難之處，交由 SPUR 進行分析研究，結果交回委員會反覆討論，尋找最合宜的策略。

爾巴博納中心 Yerba Buena Center 更新計畫

更新區域範圍為芳草地花園四周，南北向從市場街到福爾森街（Folsom Street），東西向以第三、第四街為界。更新區域占地 8.7 公頃，跨越 14 個街廓。 大部分建設在一九九〇年代初期完成，主要設施如下：

1. 公園廣場：芳草地花園，面積 4.5 公頃。
2. 商業娛樂：Metreon 娛樂中心、Bloomingdale 百貨公司，以及青少年中心（位於 Moscone 會議中心的屋頂花園）。
3. Moscone 會展中心：位於公園西南角，是舊金山地區主要的大型會議展覽中心。
4. 藝文設施：爾巴博納藝術中心位於公園東南側，有藝術影片放映中心、演藝廳、展示館、研究資料圖書室等設施，以及舊金山現代美術館、Ansel Adams 攝影藝術中心及周邊二十餘間私人藝廊。
5. 辦公大樓：AT&T 、Pacific Bell。
6. 社會住宅：2,300 個住宅單元，包括高級公寓、出租住宅，以及 190 戶低收入及老人住宅、90 戶較低收入及老人住宅、182 戶中低收入住宅。
7. 五星級旅館：包括 Marriot Hotel、Argent（ANA）Hotel、Four Seasons Hotel、W Hotel San Francisco、Carpenter Hotel、Sant Rigis Hotel、Western Hotel、Maria Hotel，提供了 3,300 個永久工作機會。

1906 年大地震後重建的聖派翠克教堂（St. Patrick's Church），進行建築保存工程，曾隸屬太平洋瓦斯電力公司的電廠則被劃為歷史保存區，之後再利用為猶太博物館。

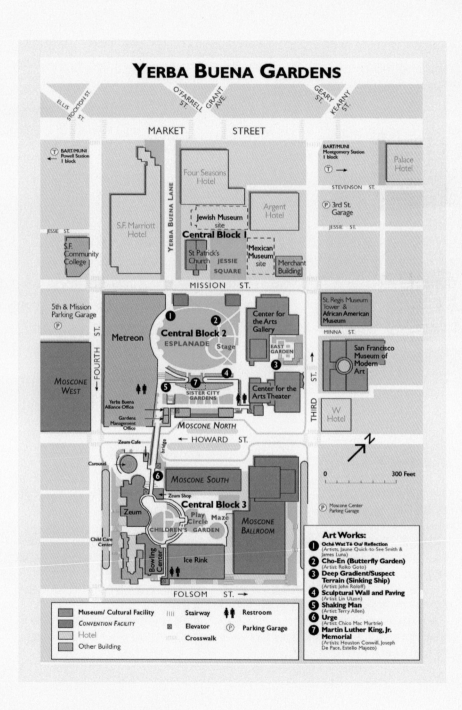

「選民指南」（SPUR Voter Guide）則是 SPUR 的另一項「特殊產物」，是在選舉或公投時極具參考價值的一份文件。在每次市民投票前，SPUR 都會針對選舉提案內容進行研究分析，再經由董事會審慎的討論表決後，形成立場，告訴選民應該投贊成票或反對票，並且提供相關資訊讓選民參考。2012 年的「選民指南」在 SPUR 的年度頒獎暨募款午宴上分發，受邀致辭的舊金山市長李孟賢笑稱，自己是為了領取「選民指南」才來的。可見這份「選民指南」廣受重視的程度。

真正民主的落實

民主的真諦，並不是每四年選出一個英明的領導人及其執政團隊，然後將一切公共事務的管理及公民的權利讓渡給他們。雖然，許多城市也有議會對政府進行監督與制衡，但不同黨派之間對決導致市政寸步難行的例子屢見不鮮。我們都理解公民社會（Civil Society）的概念，知道多元的民間組織對民主落實的重要性，我們也見過各種型態的 NGO 團體，但像 SPUR 這樣，擁有完備組織及政策研發能量，累積上萬個人及企業會員，運作熟練並深受市民信賴的民間團體，實不多見。

SPUR 的業務項目

SPUR 主要業務項目分為兩部分，第一部分以城市治理、公共政策分析為主；另一部分則是七大城市議題研究，由七個委員會，針對提案內容提供分析與政策建議：

‧ 城市治理、公共政策分析：對所有公投議題、選舉提案提出分析，並表明支持或反對的立場。在重大選舉前發表「選民指南」，提供政府及所有市民參考。SPUR 也主動發掘城市問題，提董事會議討論後，形成意見，向市府提出，同時也會公開發表聲明，表明立場。
‧ 七大城市議題研究：議題為社區規劃、防災計畫、經濟發展、交通、住宅、區域計劃及永續發展。研究以規劃案的形式進行，提供專業意見，協助政策分析。
‧ 其他特殊委員會：政策委員會（Policy Committee）每年舉行 10 次會議，分別與市府高階人員開會，由市府人員主動提出需要協助的議題，SPUR 組成專案小組（task force）針對提出的議題、或正在進行的規劃案進行研究，提出建議。

SPUR 舉辦的市民活動「午餐論壇」（Lunchtime Forum），每週定期舉行，市民可自由參加。

更為難得的是，SPUR 扮演市政府的智庫角色，合作緊密，竟然仍能維持客觀立場與公信力，更是舉世少見。SPUR 透過對公共事務的討論，凝聚共識，提出大量高品質的公共政策，超越常見的 NGO 與政府的對抗立場。

SPUR、市民、市政府，三方形成的理性夥伴關係，是這個故事最值得我們深思之處，讓我們看到，成熟的公民社會是落實民主制度的重要條件！（文・陳雅萍）

SPUR 如何生產出具有公信力的「選民指南」？

針對每個議案，都有一個委員會先研究討論，並做成初步結論：贊成或反對。此結論再提至董事會討論，最後由出席會議的董事投票表決。必須獲得過半的支持，SPUR 才聲明立場，建議選民針對該議案要投贊成票或反對票。

IBA

帶動城市進化的國際建築展

IBA，是德文國際建築展的縮寫，雖被稱為「國際建築展」，但其使命與任務遠超過一個展覽，是一個集思廣益的智庫，也是促成區域轉型的機制。IBA 先提出一個地區的願景做為區域共同努力的目標，然後化為一系列的方案；並非由上而下提出建設藍圖，而只是策略方向的勾勒。從民意彙集開始，到提案出現、調整、實現，IBA 與政府和民間協力合作，共同創造，彷彿一個城市自我進化的過程。

漢堡的市中心是一個大湖，湖面開闊、波光粼粼，五星級飯店、高級百貨公司環繞四周，其中市政府大廈高度超過一百公尺，耗時 44 年、8,000 萬歐元打造。造訪過漢堡的人，無不被這高雅的城市景觀打動，留下深刻的印象。

然而，當世界各地城市規劃者的眼光因國際建築展（International Building Affair）聚焦於漢堡時，市政府並沒有以亮麗的湖區做為主題，而是選擇了城市中一個被遺忘的角落。一座城市的未來，能否從社會的死角展開？這就是 2013 漢堡國際建築展（IBA Hamburg）的野心和挑戰。

離開漢堡市區，跨過一座橋就抵達威廉堡（Wilhelmsburg），一座以水患、噪音、貧窮聞名，位於漢堡城南端的島嶼。這裡離漢堡中央車站只有三站之遙，卻彷彿來到另一個國度。沒有新穎的辦公大樓、沒有滿街的白領階級、沒有舒服的咖啡店，取而代之的是

2010 年漢堡 IBA 的展覽中心一角。

什麼是 IBA ？

IBA 國際建築展是德國城市及區域每若干年舉辦一次的大型活動。IBA 歷史悠久，從 1901 年第一次國際建築展至今，舉辦 IBA 尋求區域或城市具有創意的發展策略，已成為德國的傳統。IBA 有如一個品牌、一種精神，當某個地區舉辦 IBA，就代表該地區將針對最急迫的問題向全球徵求創新的解決方案。百年來，透過 IBA 的集思廣益所形成的許多方案，至今仍繼續被落實。

做為一個聯邦制國家，德國的區域發展一直是各邦政府的重點責任。近年來，伴隨著全球化，區域與主要城市間的國際競爭日益激烈，提出相應發展策略的急迫性大幅提高，國際建築展所扮演的角色也更加重要。

每一次的 IBA 都會成立一個股份有限公司，做為運作的專責單位。IBA 公司由監督會議及董事會（主席由在地政府首長擔任）負責決策，轄下有規劃委員會、諮詢委員會（由邦政府、地方政府、企業團體、工會及環保團體等代表組成）。IBA 隸屬政府，必須接受議會的監督。經費來源有多樣的可能，包括邦政府、地方政府、歐盟、國際組織，以及民間的資金。除了政府計畫案由各政府單位編列預算外，私部門則在公、私夥伴關係架構下，合作投資各單項計畫。

街角的廉價土耳其雜貨店。自 1937 年以來，威廉堡就被劃進了漢堡的行政區，「但你若問漢堡人，他們可能住了二、三十年，卻從沒踏上這塊土地過。」負責城市導覽的舍恩（Schön）說明這個地方在漢堡人心中的邊緣地位。

這個城市中一直被遺忘的角落，將成為 2013 年漢堡國際花園展及國際建築展的主題及展演的基地。在這裡，各國專家與媒體將重新認識漢堡，也將在這裡看到代表下一個時代、最有創意的城市規劃策略及建築方案。城市的未來，將在這裡展開。

在城市的陰暗角落挑戰城市的定義！

國際建築展的舉辦勢必吸引全球眼光，大批國際城市規劃、建築專業者前來朝聖，以最高標準檢視一切。按常理，城市無不使出看家本領展現最好的一面。漢堡，卻選擇以最「醜陋」的一個角落為主題。背後原因到底是什麼？

「這是一種決心的展現！也不得不這麼做。」IBA Hamburg 執行長赫韋格（Uli Hellweg）說明，這個挑戰不可能的大膽決策，起因於一場政治危機。

威廉堡其實是一個人造島，從十四世紀起，25 個小島逐漸被 27 公里長的堤防包圍，形成了海拔平均只有 2.5 公尺的低窪區域（漢堡市區平均海拔 7.5 公尺）。1962 年一場水災來襲，帶走三百多條人命，震驚整個漢堡市。

「大約五萬五千個居民的威廉堡面臨很多問題，包括高失業率、移民社會、低社經階層……，24 小時都有船運，污染、廢氣、噪音問題嚴重，但改善方法討論了十幾年，一直沒有定論，生活條件低落，遲遲沒有改善，」漢堡市都市發展與環境局城市與景觀規劃處處長修特（Wilhelm Schulte）說明了中產階級在過去四十年來逐漸離開威廉堡的原因。

修特攤開漢堡地圖，進一步列出一個個具體的問題。威廉堡位處交通要道，無論往港口或市區都必須經過這裡。十六條鐵路、兩條高速公路、一條市區內快速道路交會於此。每天，有超過五萬輛大型卡車經過，空氣、噪音、景觀品質都極差，更別提一條條交通道路對區域的切割、隔絕。這裡從不是居住的首選，人口外流，終於淪落至被忽略的下場。

這些問題直到 2000 年才出現轉機。當時，有個甫成立一年的新政黨在地方選舉中打敗了長期執政的政黨，「他們拿到了 23% 的領先，這是很大的差距。這些選票就是帶來改變的最大力量！」儘管小黨存活不久，但人人都注意到了威廉堡，特別是政治人物，覺得一定要為這個小島做些什麼。修特說「這就是關鍵！」政治的意志，終於為威廉堡的未來帶來曙光。

IBA 絕不是一場節慶式的展覽

一開始，漢堡市長決定要在威廉堡舉行 2013 國際花園展，藉著花園展帶來的綠色開放空間的建設，改善這裡的環境。「後來發現，光靠花園展的力道可能不夠強，」IBA Hamburg 執行長赫韋格指出，威廉堡需要的是全面的轉型，亟待解決的不只是硬體問題，更包括社會結構的改變、整個地區轉型策略的思考。

1989 年舉辦 IBA 的魯爾工業區。圖為北魯爾恩舍地區的北杜伊斯堡景觀公園（Landschaftspark-Duisburg）。

舉辦 IBA，國際建築展是一個關鍵性的決定。「當你喊出要辦 IBA，等於是一種公開的
承諾，不能回頭了。」修特指出，國際建築展是德國特有的傳統，透過國際競圖吸引城
市規劃中各種問題的創新解決方案。一旦公開宣布舉辦 IBA，就等於將自己放上國際舞
台，一切只能成功、不許失敗。

從 1901 年至今，IBA 每一次舉辦都被賦予不同的「任務」。第一屆 IBA 的任務是在工業化趨勢下快速擴張、污染嚴重的城市中，引入藝術性的生活空間。再以東西德合併之後的柏林 IBA 為例，當時的命題就是如何縫合長期割裂的東西柏林，彌平差距。一次次的嘗試，都證明了此一機制能夠在不同情境之下集思廣益，尋找到具有時代意義的創新方案，其中，又以魯爾工業區的 IBA 提出的區域再生策略最為人稱道。

1989 年舉辦的魯爾工業區 IBA，議題包括都市更新、環境保護、地方產業振興策略，乃至觀光產業發展，各方提出的構想涵蓋區域中 17 個城市的 120 個規劃案。IBA 絕不是一場節慶式的「展覽」，各項計畫加上後續的落實，整個時程長達十年，將原本已淪為廢墟、滿是舊廠區的北魯爾恩舍地區（the Emscher Region）轉型為一個以創意、高科技及能源為主的後工業時代科技園區。這個區域的發展策略兼顧歷史保存、污染清除、生態保育、產業轉型等多個面向。諸多方案都源自當時 IBA 主辦單位透過國際競圖所蒐集到的創意，以及後續的長期顧問諮詢。

正式宣布以威廉堡為主題舉辦 IBA，等於立下公開的承諾。35 平方公里的威廉堡要解決社經結構的問題，必須仰賴跨部門整合。市長公開宣示了放手一搏的決心，各部會就必須坐下來合作。再者，IBA 的舉辦等於一個城市在國際上對市民立下諾言，就算政黨輪替，也必須堅持政策的一貫性，因為沒人承擔得起 IBA 所提的方案在其手上失敗或終止的政治後果。

2002 年，漢堡確定了市中心從北向南發展、跨越易北河的大策略。威廉堡的建設視野必須超越「只為在地謀福利」的格局，而是整座城市的未來發展轉型的重要環節。這個區域再生的大題目千頭萬緒，該從何開始？要透過舉辦 IBA 集思廣益，也必先有對的命題，否則問錯題目、請來再好的大師也只是徒勞無功。

舉辦 IBA，必須提供相關背景資料給來自世界各地參與競圖的專業者，並說清楚城市必須解決的課題。為了找到對的命題，IBA 進行了許多調查研究，再將結果依照輕重緩急排好優先順序，形成正式文件。光是這些前置作業，IBA 與漢堡市政府就花了五年的時間。

對症下藥的第一步，以細緻手法把脈

解決威廉堡盤根錯結的問題，需要費時五年「把脈」。因為威廉堡如今所面臨的困境是從十九世紀累積至今而成的，「任何一個現象都彼此相關，不可能分開解決」，為了治本，赫韋格率領團隊挖出最根本的病因。

首先是硬體。在舉辦國際建築展之前，威廉堡有 90% 的住宅公寓都是社會住宅，在西北區還有六層高的高密度大型公寓社區。這裡從十九世紀開始，就是移工的大本營。第一波的移民來自東歐，在漢堡打工暫住，為的是到美國新大陸完成移民夢；第二波則是二十世紀末德國經濟起飛之後的各國移民。兩波移民集居的社區裡，一個家庭擠在 15 坪公寓內的情況處處可見。

35 平方公里的威廉堡住著來自一百多國的居民，即使一個一千多人的社區，居民就可能來自三十幾個不同國家。語言與文化隔閡成為解決威廉堡問題的窒礙之處。「外籍居民，通常很難參與決策過程，」投身於 IBA 前置作業的舍恩無奈地指出，外來移工不一定會講德文，辦公聽會有如國際研討會般，現場至少需要六到八種語言口譯。IBA 曾舉辦過 700 人規模的公聽會，後來發現效果不彰，一路減少開會人數，最後，直接走進在地家庭深入訪談。

他們請來八位具相關學術背景又講不同語言的青年研究員，逐家逐戶拜訪，走進客廳，從孩子的問題問起，一路問到對未來住宅的期待。同時也建立在地社區的聯絡網，使得後來了解居民需求、增加居民參與的難度大大降低。

突破最大困難之後，IBA 主辦單位使用問卷、焦點座談、社區聚會、專家會議等十二種方式，花了五年時間不斷深入了解地方需求，配合專家的意見形成架構，撰寫出建築師規劃設計時的「指導手冊」。了解社區問題時的關鍵，是深入了解，卻不可急於提出答案。「我們沒有一開始就定義問題，而是讓問題逐一浮現，」赫韋格要求。在所有現象及成因整理歸納完成前，不可以由上而下地直接給方向。

化劣勢為優勢，從弱勢中找機會

費時五年，耐心醞釀出的結論，包括 COSMOPOLIS 及 METRO-ZONES 兩大概念。

1. COSMOPOLIS：打造對多國移民的友善環境，如何消弭其與漢堡市的隔閡，進一步將這裡打造成為全球化都市，以提高競爭力？
2. METROZONES：創造城市中的新中心，讓威廉堡再生，成為漢堡人口持續移入的市區；善用此一城市中尚未完全開發的區域，發展為充滿機會的新市區，而不是去郊外開闢新城區。

「我們決定要用國際建築展來解決社會問題，從弱勢中找機會，」赫韋格說。如此命題，不只是解決威廉堡的問題，更可能為世界上其他面臨類似問題的已開發國家城市提供解決方案：如何在城市中發展更多城市？

過去，中產階級移往近郊，只有工作時進入城市，如今人們開始返回城市生活。家庭型態改變，雙薪家庭增加，小孩照護、公共設施的可及性，以及汽車通勤成本上升，都讓人們在選擇居住地時盡可能接近市中心。於是，如何改善城市中尚未完全利用的地區，成為城市發展的關鍵課題。

啟動改變的關鍵，就是人

因為這個地區的病灶是社會問題，漢堡國際建築展在五年的前置作業中，深刻體認到，要讓城市轉型必須從改變威廉堡的體質著手。啟動改變的關鍵，就是人。

「IBA 的目標，就是徵求能帶入新的人，年輕人、中產階級、專業人才的各種策略與方案，」舍恩指出，帶進新的高品質居民就能夠帶動在地經濟、創造工作機會，讓威廉堡擺脫過渡性社區的角色。威廉堡必須建設一批新的社會住宅提供學生居住，必須釋放出鼓勵產業的商業空間，必須移除一條高架公路，讓它與鐵路上下層結合，讓本來夾在鐵、公路間的不毛之地成為威廉堡新的中心。2013 國際花園展，也扮演了提升景觀品質的角色。花園展的舉辦，讓威廉堡有了漢堡最大、最新的花園，市民有了新的休閒去處，而

好的居住環境正是吸引高品質居民的重要誘因。赫韋格解釋，花園展與建築展合辦，當然為威廉堡創造出新的吸引力。

不同於過去單一都市中心的城市規劃，如今，打造多中心的城市規劃已成主流。

單一都市中心的過度集中會造成就業機會、各種社會資源的失衡，進一步導致房價過高、貧富差距加大。單一都市中心容易讓都會區過度擁擠，其他地段又因生活機能不足而發展不均。一座城市要能均衡發展，就要打造多個城市中心，各區域彼此分工，城市的發展空間才會更大，人口容納總量也更多。

「我們發現，人在城市裡的活動會自然向單一都市中心集中。如何提高其他地區的多元混合使用及公共設施的完整配套，使這些地區的生活機能趨向完整，才能吸引人口的移入，帶動地區發展。」舍恩進一步解釋。

如今，超過千名員工的漢堡都市規劃局已搬遷至此，還有新的學校、公共設施、商業空間的設立到位。都市生活機能完備之後，最後也是最難的一步，便是帶入有高消費能力的中產階級。

威廉堡現有建築九成以上都屬於中低價位的社會住宅，要吸引中產階級，必須要有高品質的住宅供應。但要蓋新的住宅，就要吸引私人投資，而這在威廉堡非常困難。赫韋格說：「前五年，IBA 四處招商，但沒有經濟活動、沒有消費高的買主、離市中心又遠，私部門實在沒有在此投資的理由。」就算是德國經濟表現最為突出的過去十年，也沒有任何一筆民間投資案在此落腳。

成為因應氣候變遷的城市實驗室

IBA 團隊認為他們花了足夠的時間，清楚掌握了威廉堡的發展課題，可以展開一次高規格的國際建築展，廣招國際高手，共商大計，但突如其來的歐洲金融危機，使公部門預算大幅縮水。漢堡國際建築展的總預算從 1 億歐元被刪減至 9,000 萬。這個數字，是 1999 年 IBA 經費的 6%，連一成都不到。

「這可能是 IBA 歷年來政府經費比例最低的一次，」赫韋格無奈地說。子彈不足，要放棄建造新都市中心的計畫？還是縮小 IBA 的範圍，只處理既有住宅？或者舉債，由政府買單、請納稅人撐腰？

以上皆非，漢堡 IBA 團隊選擇提高視野，大膽增加了一個更為前瞻的主題：城市與氣候變遷。「我們重新審視自己的角色，決定把高度再拉得更高一些，」IBA 團隊檢視威廉堡的定位，「既然城市與氣候變遷脫不了關係，為什麼這裡不能成為全世界因應氣候變遷的一個城市實驗室？」八成的二氧化碳排放來自都市、飽受水患威脅的威廉堡，正是尋找城市發展和低碳生活平衡點的最佳實驗場。

IBA 團隊推出補助政策，凡是符合低碳的創新提案就能享有造價 5% 到 7% 的政府補助。赫韋格強調，「我們講得很清楚，這裡不要一般的房子，我們要的是下一個世代的新住宅。」IBA 訂出比歐盟標準還嚴格的綠建築認證機制。擁有私部門工作經驗的他表示，

漢堡 IBA 規劃設計的綠建築。在建築立面鋪滿太陽能板，整棟房子成為自家電動車充電站，極具實驗性的節能建築方案。

IBA 內以綠建築為主題而發展的住宅,以藻類為牆,能降低溫差、產生氧氣,充滿實驗性。

越高標準的認證,挑戰性更高,加上國際建築展帶來的國際矚目及品牌效應,建築師勢必個個躍躍欲試。IBA 團隊將營運費用壓到三分之一,挪出大部分的資源用來全力支持符合 IBA 精神、具有原創性的方案。

踏進一度喊卡如今卻活力十足的綠建築住宅區,一棟以藻類為牆,能降低溫差、產生氧氣的房子映入眼簾。旁邊是另一棟鋪滿太陽能板、將整棟房子做為自家電動車充電站的建築,再遠一些是全部以木材興建的環保知識中心,這裡也是國際花園展的空中花園,未來還將成為新型態的旅館。這些原創的設計,就是低碳生活實驗場這個目標的落實。

危機帶來轉機。IBA 團隊的策略奏效,不只帶入私部門投資,更因而吸引世界頂尖事務

所前來較勁。這些符合綠色概念的新住宅都已全數賣光，成功引入高知識水準的中產階級。不只如此，對氣候變遷議題提出的創新方案得到歐盟注意，直接挹注 2,200 萬歐元，是 IBA 活動自籌財源的最高紀錄。

絕不成為有錢人專屬的都市更新

IBA 團隊從社區、城市及全球化的高度去尋找自我定位，終於達到了第一個目標：帶入了新的居民。隨之而來的挑戰，則是如何解決原有住民低教育程度、文化隔閡的問題，同時防止仕紳化的發生。

「這是當地發展課題中最大的挑戰，」赫韋格說，必須以原有移民族群為主體，維護原有族群多元並存發展的可能，否則，當他們因為地區仕紳化而被迫遷往城市其他地區時，原來的社會問題只會再次發生，「所以，在地居民的聲音非常、非常重要，不只是資訊，而是從頭就必須被納入發展策略的核心。」

德國法律本來只要求在地民意做為規劃者的資訊，但過去十年，在地意見的法律地位在規劃過程中不斷上升。因此，IBA 團隊謹慎、細膩的前置作業與在地居民的互動，其實是此次 IBA 的核心課題，也是這次國際建築展的成敗關鍵。以本來佔九成以上的社會住宅改建為例，經過五年探訪，IBA 團隊仔細整理居民需求，捨棄了由上而下提出大規模的改建計畫。他們發現，居民不要求過大的房舍，以免超出其負擔能力，但如果能擴建陽台與前院，將大大提升生活品質。暖氣設備的老舊與不足，對寒冷的漢堡地區而言更是一大難題，其他包括教育、公共設施、小型商業空間缺乏等，才是在地居民最關心的課題。

IBA 團隊以當地居民需求為主所提出的社會住宅改建方案，捨棄大規模的改建計畫，防止仕紳化現象的發生。

審慎檢討之後方案出爐，以 100 萬歐元的補助協助歷史最久、國際移民最多的社區進行改建。更新 850 戶，再加建 250 戶新社會住宅，平均租金只有漢堡市區的六成不到。政府也利用當地廢棄的設施改建成新的暖氣系統，整個社區的暖氣供應就來自在地。另外，政府還補助搬遷費用，協助尋找便宜短期的出租公寓。最後，居民得到了新的暖氣系統，費用比過去降低七成，多了陽台、前院的翻修新房，每平方公尺租金只多出 1 歐元。細膩的處理，讓九成以上的居民選擇改建後回住。

不只是住宅及公共設施的更新，IBA 團隊也依據移民社群的需求，提出三十個以上以教育為主題的方案，包括幼兒照護中心、養老中心及相關的社區設施。這些設施都以跨文化的友善環境為前提，從幼兒到老人，透過教育的方式消弭移民家庭與德國社會的文化隔閡及教育程度的落差。

「這是一種態度的展現，從一開始就告訴在地民眾，我們是來解決問題的，」赫韋格點出了 IBA 的基本態度：絕對避免仕紳化的錯誤，小心翼翼將衝突減到最低，正視社區問題的本質，提出解決的方案。

IBA 追尋原創方案的傳統，發展出三大功能

IBA 這個傳統經歷了長期的演進，從柏林、魯爾工業區到漢堡，每個地區面臨的問題不同，但不變的是勇於創新、不斷尋求解決方案的傳統。

IBA 不只是一場節慶式展覽，也不是一場建築競圖盛會，而是一種具有策略規劃性質的共同創造。在政治承諾和公眾矚目下，以靈活原創的方式集思廣益，集體開發出對未來的想像。IBA 提出新的價值、策略和做法，提出接近現實卻充滿未來想像的城市生活模式。德國特有的 IBA 傳統，在追求原創之外，還發展出三大功能：

1. 品牌效益：百年累積至今，IBA 已成為具有信譽的品牌。任何建築或規劃方案被 IBA 入選為計畫的一部分，不但代表了作品的品質保證，也為參與的建築或規劃事務所帶來國際認可。另一方面，也為參與提案的當地政府蓋上保證章。因為 IBA 的方案，從規劃程序、民眾參與，到方案提出、預算取得、後續工程推動，都能得到 IBA 在各個專業面向的協助。

2. 媒合、溝通與諮詢：IBA 在政府、民間、私部門之間角色百變，有時是媒介，替政府在國際間尋找最專業且具有國際視野的規劃師、建築師或投資者；有時是民意代表，面對廣大的民眾收集民意，追求最大共識；有時是法律與行政顧問，代表政府要求開發計畫的每一項細節。IBA 是一個全力追求創新的機制，其組織的架構具有政府體制不可能做到的彈性，也因此每一次的 IBA 才能有全球矚目的創新發生。

3. 陪伴在地成長，帶動區域轉型的機制：IBA 雖被直譯為國際建築展，但其使命與任務遠超過一個展覽，而是帶動區域轉型的機制。先是願景的形成，然後是一系列的方案提出；並非由上而下的建設藍圖，而是策略方向的勾勒。

2009 年 IBA 的「城市與氣候變遷」區，由數棟以因應氣候變化為主題提出創新設計的建築組成。

透過 IBA 的舉辦，漢堡這個以富裕聞名的城市坦誠面對其最貧窮地區的發展困境，從城市問題的定義、未來生活的想像、方案落實的運作模式，一路創新。也唯有如此面對最艱難的問題，尋求真正的答案，才有可能在全球化的競爭中維持領先。（文·劉致昕）

DNA /4

新型態的民眾參與

民意的掌握與民眾參與的方法已經是現代城市治理最重要的課題。以往透過專業民意調查去捕捉如流水的民意，已不足以因應自主性極高且習於社群網站的新族群。更為分權、更為授權、更讓市民可以自主提案的民眾參與新型態，已逐漸浮現。

柏林 Tempelhof 機場廢棄多年，市政府讓市民提出各種短期使用的申請，容納了各種實驗性的使用方案，等待最佳方案逐漸浮現。阿姆斯特丹市政府藉由維基百科的開放共創觀念，建立了一套廣納市民意見的完整理念與方法，稱為「WikiCity」。紐約市政府與幾位網路專家，共同設計了一個讓市民的點子化為實際行動的網站「Change By Us」，市民可以在網站上提出改善社區的提案，並尋求志同道合的市民貢獻時間與資源，共同實現方案。這些提案也會獲得市府的諮詢與協助。

Tempelhof

讓最佳方案逐漸浮現的方法

柏林 Tempelhof 機場廢棄多年，柏林市政府採取了「不知為不知」的策略，拒絕所有好大喜功的開發構想，而是讓市民提出各種實驗性的方案。最後，創造出一個有彈性、富實驗性、可以轉圜的運作模式。這個模糊摸索的過程或許能讓最佳方案自動浮現。

柏林市中心南側,有塊一望無際的綠色大草坪,孩童拉著風箏快樂奔跑,幾隻狗兒跟著追逐,草地旁還有為保護鳥類而留下的生態湖。這塊看起來一片祥和、面積廣袤的大草坪,其實是柏林騰柏霍夫機場(Tempelhof Freiheit)的舊址。這個面積極大的廢棄機場,代表了希特勒試圖統一歐陸的野心,也是美俄兩大陣營長期冷戰、相互對抗的一個歷史地景。

除了戰爭,騰柏霍夫機場也與人類在航空史上的創新劃上等號。從十九世紀末開始的大型熱氣球展,1909 年齊柏林飛行船(Count Zeppelin)首次與世人見面,以及萊特兄弟(Orville Wright)吸引了 15 萬人成功試飛,這些創造歷史的時刻都在這裡發生。

2008 年,騰柏霍夫機場正式關閉的那一天,柏林多了一塊離市區不遠、面積 400 公頃的閒置都市空間。「如何利用這 400 公頃大的空地?沒有人有經驗,」騰柏霍夫專案管理公司(Tempelhof Projekt GmbH)公共關係主任伯根(Martin Pallgen)說。

騰柏霍夫機場有將近一個世紀的歷史,是納粹德國當時全球最大、最壯觀的機場,為的是炫耀德國第三共和空軍的實力。機場的建築空間可容納 8 萬人次的旅客,是實際所需的三十倍。地下道、鐵路與市區道路相互連通,旅客、行李、郵件、貨物動線分流處理等先進理念都從這裡開始。這個機場被稱之為「現代機場之母」。

380 公尺長、49 公尺寬的停機坪是全球佔地面積第四大的單一建築物,興建於 1926 年,是希特勒政權的建築代表作之一。當機場決定關閉時,這個充滿歷史意義的超大型閒置空間該如何再利用,複雜的考量前所未有。各方小心翼翼,不敢貿然提出構想。

騰柏霍夫機場離市中心很近,只有兩個地鐵站的距離。因為基地面積極大,可以開發的規模等同一個小型城市。大規模的開發行動無人能預測後果,可能衝擊市區的房價、商場生態,甚至因而改變微氣候而影響到昆蟲物種的存續。在任何開發都必須講求永續發展的柏林,市府面臨了極大的考驗。

但有一個原則倒是明確的。「這塊地從來就是屬於全體柏林市民的,」伯根指出,從普魯士時代以來,這塊地雖然一直是軍隊操練的地區,但每到週末,軍隊就會開放給市民

1909 年齊柏林飛行船首次與世人見面，就在騰柏霍夫機場。

使用。「這裡一直是柏林人週末踏青的地方。心理上，大家都認為這裡是市民共有的資產。」

定位過程如履薄冰

不論就現實或情感因素而言，騰柏霍夫機場對柏林市民而言都是一個巨大的存在，開發定位絕不能出錯，否則一定引起極大的爭議。

柏林市政府並不知道這個離柏林市區不遠的大片土地該如何利用。開發團隊採取了一個非常謙虛、有耐性的策略：承認「不知為不知」的事實，他們決定「摸著石頭過河」。

市政府拒絕提出任何好大喜功的開發構想，而是耐心地了解這塊寶貴土地的潛力，開放基地讓市民在方案未明確之前提出各種實驗性的短期使用方案，逐步釐清民眾的需求。

其實一開始，市政府也是依照大部分城市處理類似情況的標準動作：先舉辦競圖，再向規劃公司徵求開發構想。從收到的 74 件提案中選出 16 件，再要求這 16 家規劃公司與在地居民展開討論。合約明定，必須經過至少 2,000 人次的居民意見調查，才可提出初步結論。

以初步民意調查獲得的結論為基礎，規劃公司再展開第二階段的政府單位諮詢討論。確定民意基礎和可行性後，兩個月後再次提案，才由社區代表、市府官員、官方開發單位組成的評委進行決選。決選第一名的提案，建議將大面積的綠地改造進行大規模的住宅開發。雖然經過如此嚴謹的過程，決選方案最後遭到臨近 Neuköln 社區的強烈反對。2 萬人連署舉辦公投之後，結果有 13 萬張反對票，推翻了得標規劃公司的提案。

「這正是開發這塊基地最困難的地方，」伯根說，400 公頃的機場東南西北各臨一個社區，

騰柏霍夫機場長 380 公尺、寬 49 公尺的停機坪是世界佔地面積第四大的單一建築物。

四個社區的收入水準、教育程度、國籍,甚至宗教背景各不相同。同時滿足四個社區的需求,「複雜程度遠超過一個開發案,等於是柏林十二個行政區的政治角力。」

西側的中高級社區期待引進能增強生活機能的開發案,提出很多公共設施的期望。東側則是柏林較落後的社區之一,居民多為外來移民,對房價較為敏感;大量高級住宅或商業辦公大樓的開發,上漲的房價會將原有居民逼離社區。因此,他們反對住宅或商辦開發,要求騰柏霍夫機場保持大片空地,讓擁擠的落後社區能有較好的生活空間。兩個社區的期待完全背道而馳。

有了這次教訓,騰柏霍夫機場開發公司更加謹慎小心。他們體認到,只有對的程序與足夠的時間,才有可能替這個基地找到正確的定位與可能的答案。而暫時沒有答案,也是可以接受的答案。

於是,一個三階段的醞釀程序被提出來,創造出有彈性、可以實驗、可以轉圜的尋找答案的方法。這個模糊摸索的過程,假以時日,或許就能讓最佳方案自動浮現。

Tempelhof ——— 讓最佳方案逐漸浮現的方法

機場再生利用的原則是「還土於民、帶入人潮」。此一公共圖書館的規劃為第一批建造的公共設施之一。

還土於民，帶入人潮

騰柏霍夫機場開發公司決定先將機場還給市民。

2008 年機場停止使用，2010 年完成初步整修之後，開發公司就決定將面積超過六個台灣大學的騰柏霍夫機場空間開放給市民使用。機場的開闊天空，風箏取代了翱翔的飛機，跑道是滑板運動最好的空間，高敞的停機棚下則是民眾野餐地點的首選。

這個將機場空間開放給民眾的策略，讓人潮大量匯集於此。民眾學習認識這個空間，在這裡展開各種自由自在的活動，形成一種充滿生命力的生態。規劃者也近距離觀察到市民使用這個空間的各種可能性。「讓更多市民來到這裡，我們可以了解人們對這個空間的使用方法，」伯根指出，「透過觀察分析，了解未來的使用者可能是誰，有助於投資者掌握此一空間的商業發展潛力。」

這個「還土於民，帶入人潮」的政策方針也貫穿到公部門的公共設施投入。第一批建造的建築及設施都以「帶入人潮」為規劃目標，包括公共圖書館、游泳池，還有新的地鐵站、橋梁，以提高這個地點的可及性。騰柏霍夫機場開發公司也訂下希望吸引的目標族群，包括中產階級、年輕人與創意人才。此一策略是為提高社區的教育程度，提振在地經濟，並帶動附近地區的社區再生。

騰柏霍夫機場開發公司雖然由市府出資成立，仍受議會監督。議會要求其營運需達到財政平衡、必須保留大面積的綠地、被列為古蹟的機場建築又不得拆除或破壞……。種種限制之下，騰柏霍夫機場開發公司仍在2012年達到財政平衡。他們是如何做到的？答案，在走入機場的那一刻就揭曉了。

短期使用達成財政平衡，換取更多籌劃時間

德國最大的流行時尚展示會之一「Bread & Butter」，每年兩次在騰柏霍夫機場舉辦。這一天是柏林時裝週的開幕日，參加展示會的貴賓與民眾來自世界各國。

曾是海關蓋章的窗口成了驗票口；行李輸送帶上站著工作人員，發放展示活動的目錄；寬敞的停機坪轉型為展覽場，擺設了一個個品牌攤位；民眾同樣拖著登機箱，裡頭卻裝著展覽的贈品。「我們發現，這個巨大的室內場地就是個現成的展覽館，最佳的活動場地！」伯根說。

幾乎每週都有各種大型的展演與活動，從米其林廚藝競賽、高級晚宴、頒獎典禮等等，2012年就有超過六十場大型活動在此舉行。不止如此，電影拍攝、運動競賽，各種因為這個大型空間的潛力而被開發出來的新用途，也紛紛在騰柏霍夫機場出現。

這些收費就貢獻了機場開發公司一半以上的年度營運經費！將空間開放給新創公司及官方單位租用，則賺進了另外一大部分的收入。不只開源，騰柏霍夫機場開發公司也利用各種機會進行節流。機場的面積很大，需要用於植栽灌溉或一般清潔洗滌的用水量也極為驚人。開發公司在面積廣大的機場開放空間建立中水系統，收集雨水簡易處理後，透過新的配管將水資源再利用，節省了數額龐大的水費。

德國最大的流行時尚展示會之一「Bread & Butter」，每年兩次在騰柏霍夫機場舉辦。

讓市民提案「合作共創」機場的未來

騰柏霍夫機場開發公司在這個階段採用了非常有創意的工作模式，就是與市民的「合作共創」。開發公司與二十幾個民間團體建立長期互動關係，並且將一部分的決策權下放給這些民間團體。例如機場內的散步路徑、公園硬體設施的規劃等，直接交給被視為「使用者」的團體討論決定。不只如此，直接讓使用者進入決策過程，許多有實驗性的構想因而獲得實現。

然而，這種參與式的規劃程序其實也帶來了一些後遺症，「這裡的開發限制比較多，金融危機之後，要找投資者當然更為困難，」伯根指出。一棟閒置建築雖然有長達 1.2 公

讓市民提案「合作共創」機場的未來 ，圖為提案之一的「市民農場」。

里的室內空間，卻因被列為古蹟而無法輕易改裝，空地的使用又有綠地限制，加上相關
團體的意見，招商並不容易。但騰柏霍夫機場開發公司仍然選擇尊重民意、歷史，堅持
環境的永續發展，而不求急功近利。這樣的態度，確實會讓一些習慣了大舉「化空地為
黃金」的開發商卻步。「但重點是，市民也不急躁，反倒是期待我們謹慎決策。有了這
樣清楚的民意基礎，做為政府的我們也就能堅持做對的事。」

柏林過去的開發路線已經造成過多的商辦摩天大樓、豪宅供應，炒作房地產的投機者靠
著高容積換取的利益，使貧富不均的情形惡化。隨後的金融海嘯讓市民深刻理解過於快
速的成長其實潛藏了毀滅性的風險。在強大的民意監督下，沒有明確評估的大型開發案
被通過的難度極高。2010 年，Tempelhof Park 開放，民眾及開發商在符合下列六大原則
的前提下，可以向騰柏霍夫機場開發公司提案，在區內展開各種軟硬體的實驗。選擇提

Tempelhof ———— 讓最佳方案逐漸浮現的方法

案的六大原則包括：

1. 實驗創意的舞台（Stage for the new）。
2. 乾淨的未來科技（Clean future technologies）。
3. 知識傳播與學習的基地（Knowledge and learning）。
4. 運動與健康的空間（Sports and health）。
5. 不同宗教信仰的對話場所（Dialogue of religions）。
6. 促進社區融合（Neighborhood integration）。

柏林騰柏霍夫這個廢棄多年的機場，在經歷過一個看似模糊的共創過程，假以時日卻可以讓最佳方案自動浮現。這座現代機場之母，或許已為我們樹立了另一種公民與政府合作的新典範。（文‧劉致昕）

機場開發定位大事記

一、 機場停用前的民眾參與及創意收集

1994 年，官方報告調查發現，大規模開發對微氣候及附近高密度地區將有負面衝擊，因此確立機場空間原樣保留，定位為城市的中央空地。1995 年引進國際專家意見，包括必須解構原建築主體的象徵意義；必須是公開的發展過程，以便能長時間考慮。但「大的開放空間」原則不能變。2007 年舉辦 Ideas Workshop，這是民間參與的開始，讓柏林居民針對兩個問題提出看法：柏林應如何對待即將關掉的機場？機場的土地可為柏林帶來什麼新機會？相關活動包括專家訪談、機場內 bus tour、演講、展覽等，並舉辦大規模的線上對話。

第一次線上對話（2007 年 5 月至 7 月），有 32,000 人次到訪、1,000 人網路註冊，產生 900 個構想，其中「綠地的創造」最受歡迎。第二次線上對話（2007 年 10 月至 11 月），民眾可以評論、修正被提出的構想。36,000 人次參觀第一階段結果展覽，1,400 人網路註冊，又有 400 個構想產生。結果，第一名提案是「青年孩童的冒險樂園」，提供流行運動、教育性的娛樂設施，第二名提案是「壘球場的重生」。
Ideas Workshop 結束後，浮現四個發展方向，包括開放綠地、運動主題、創意產業及住宅使用，也確認了 1999 年計畫的核心，亦即中央開放綠地及三個建築開發區。

二、 機場停用後，成立專案管理公司作為營運主體

2009 年 6 月，政府訂出發展原則，兼顧生態、歷史保存與經濟發展角度，成立騰柏霍夫機場專案管理公司。公司有三大任務，包括檢討既存想法和計畫、提出具體實用的方案、提出財務計畫。 透過由下而上的過程，以使用者為導向設定開發原則、尋找開發構想，廣泛調查。對象包括對機場開發有相關意見者、政治和企業決策者、鄰近居民、柏林市民。其次，初步歸納收回的資料，界定使用者需求，成為初期假設。透過專家論壇、研究報告、workshop，進行第二次歸納，界定指標性計畫做為起點。最後，對外溝通、找尋夥伴，與在地的社區管理者、學校、宗教、青年團體緊密對話，尋求合作。同時諮詢相關領域專家、利益團體、相關計畫的合作夥伴、潛在投資者。

三、 2010 年 Tempelhof Park 開放，接受民眾提案，在區內展開實驗

確定選擇提案的六大原則，包括實驗創意的舞台、乾淨的未來科技、知識傳播與學習的基地、運動與健康的空間、不同宗教信仰的對話場所、促進社區融合。

維基城市
WiKicitY

TRADITIONAL
PLANNING

Planning
=
80% communication

A NEW
DEFINITION

WiKicitY
an open process gets
far better results

NEW
APPROACH

RESULT

Wikicity

維基百科給城市規劃的啟示

城市願景會議怎麼開？阿姆斯特丹市政府學習維基百科網站的
運作方式，將整座城市視為一個集體的大腦，透過開放式的市
民參與形成集體智慧，發展出全新的城市規劃與溝通模式。這
個模式的成功也證明了阿姆斯特丹是個以群眾智慧為基礎，不
斷向前演進、充滿各種選擇的自由都市。

我們對阿姆斯特丹並不陌生，但你可能不知道這個人口 250 萬、平均海拔高度低於海平面、空間有限的城市，卻不斷擴張，從未停止發展。阿姆斯特丹周圍在二戰後新建了 6 個衛星城鎮，每個城鎮各住了 10 萬人，郊區還有 80 萬人居住。以荷蘭的標準來說，阿姆斯特丹發展得太快速了，成為荷蘭人口最多的城市。每年，阿姆斯特丹有 800 萬遊客在市中心進出，超荷與擁擠，成為這個城市面對的一個大課題。

阿姆斯特丹另一個課題是多元的人口組成：40％屬於來自非工業國家的少數族裔，其中 80％是外國籍，來自 170 個國家。這個城市的國際化趨勢還在進行，不斷改變城市的文化組成。

顯然，這個城市的治理方式必然不可能與單一族裔、天然環境友善、緩慢成長的城市相同。對此，阿姆斯特丹選擇的城市治理方式，卻是更徹底的民主。

重新思考規劃的定義

「要了解阿姆斯特丹，一切都必須從自由這個概念開始，」阿姆斯特丹市都市規劃局副局長海默爾（Zef Hemel）如此強調。這個核心價值貫穿到城市規劃及公共決策的所有方法。「過去八年，我們重新思考了關於規劃的定義，」海默爾說。

為什麼要重新思考規劃的定義呢？因為，8 年前阿姆斯特丹市政府的都市規劃部門發現傳統的都市規劃方法失靈，無法解決這個城市面對的各種難題。「規劃的意義已經改變。如果要給規劃的內涵下一個定義，答案是：80％是溝通，20％是法律、投資等其他議題。溝通，是我們必須非常專注的一個面向。雖然有這樣的認識，但我們自問，該如何落實呢？」海默爾說，最後他們發現，答案原來在學校的教科書裡！

啟示來自一張希臘時代解釋「polis」的圖，說明城市和民主的意義。市政府開始反思以往溝通的方式。過去，市政府的重大決策非常仰賴專家。聽取專業意見，形成政策之後，政治人物再試著說服市民，告訴民眾未來會是怎樣、市政府會怎麼做。在這種狀況下，市民是被動的、無知的，結果只有「被說服」的民眾與「不被說服」的民眾。「我們覺得這樣有點愚蠢！」海默爾說。

希臘雅典城邦政治（Polis）的市民論壇傳統啟發了 WikiCity 的構想。

市府重新看待民眾，他們認為民眾是睿智的。為什麼政府一定要堅持過去的溝通模式？為什麼要花那多麼力氣說服民眾，朝一定的方向走呢？為什麼不「利用」民眾與民眾合作呢？市民當中有許多企業家，他們不但聰明，擁有專業知識，還相當富有，和政治人物一樣優秀。但是該如何從他們身上學習？吸引他們參與城市議題的討論？

概念其實相當簡單，有如索羅維基（James Surowiecki）在《群眾的智慧》（The Wisdom of Crowds）一書所說，群眾的智慧不但存在，而且是政府的最大資產。阿姆斯特丹市政府認定，群眾智慧所代表的重要性有時甚至高過專家學者。於是，他們決定展開重大改革，就是善用群眾的智慧。要得到群眾智慧，有三個原則：

1. 必須號召多數的民眾，而且是多元、具代表性的民眾。
2. 每一位參與者必須是獨立、不受控制的。任何一方，包括政府，都不能強迫其他人去支持某項「立場」或「共識」。每一個人都必須確保思想自主，因為每一個人的想法都有其價值，都將對社會有所助益，都是值得被聽取的。
3. 最後，是去中心化與在地化。城市的政策決定，必須儘量在地化、社區化。如此一來，群眾智慧將發揮決定性的影響力。

WikiCity 的共創式規劃方法

「WikiCity」就是以這三個原則為前提所形成的概念，將整座城市視為一個集體的大腦。要實現這個概念，在過去有許多技術性的困難。幸好，社群網站「共創」的概念幫阿姆斯特丹市政府完成了這項具原創性的改革。網路的啟發並不是在技術上的突破，而是從軟體、網路概念得到靈感，其中尤以維基百科透過廣大的使用者的合作、形成集體智慧的概念，最具啟發性。了解維基百科的運作原理，就能發展出全新的城市規劃方式。WikiCity 這個新的城市規劃方式，具備了以下的特色：

1. Open 開放性的，任何人都能加入，貢獻一己之力。為了廣納不同的意見、不同的力量，開放性是第一個前提。
2. Versatile 多功能的，多方面適用的。有如百科全書一樣，當群眾智慧被集合、整理，很多主題都能得到解答、助益。
3. Smart 聰明的，甚至比一群專家所寫出來的書更聰明。
4. Unending Argumentation 持續的討論。維基百科與時俱進，持續性地更新，規劃也必須如此，才能跟得上最新的發展和需求。
5. Mass-amateurization 大眾的專業化。必須注意的是，這是整體市民素質的質變，需要很長一段時間才能逐步看到成效。你能想像讓大眾來寫百科全書有多耗時嗎？但維基百科就做到了。效率不是重點，而是長久累積群策群力帶來的效益。

阿姆斯特丹市政府慢慢發現，他們必須換一個腦袋：傳統的規劃太有效率了，但效益卻被忽略。「這必須改變！」海默爾一再強調。改變的方向，是讓規劃的過程更開放、透明，有如建置維基百科般地去建制一個全新的規劃平台。於是，阿姆斯特丹市政府產生了城市規劃的新定義與新做法，提出一個實驗性的專案，名為「WikiCity」。市政府利用這個新方法與市民對話，形成一個大家都認同且願意付出努力、予以實現的城市願景。

操作 WikiCity 的九項準則

過去八年，WikiCity 這個專案為整座城市建立了對話平台。經過多年的實驗之後，阿姆斯特丹市府團隊整理出與市民溝通必須遵守的九項準則。

1. 從小眾開始，甚至是三個人都可以。一開始不建議召開人數眾多的大型會議，建立紮實的對話平台才是重點。
2. 不排斥任何人。歡迎任何人，才有廣納意見，形成群眾智慧的可能。
3. 專注於內容的討論。應聚焦在過去的經驗、未來的想像、實際的建議或做法。避免談到自身利益、不滿、糾葛，這樣的話題經常容易使討論失焦。
4. 放下武器。指的是不討論錢或權力、不批評對方的提議、不強調自己有多大的權力能改變什麼。一旦提起這些話題，就像是拿起武器，溝通與對話就會終止。
5. 引動群眾熱情，但是恰當地管理它，避免產生忌妒、怒氣等負面情緒。對話的目的是為了產生正面的能量，引起更多對話和參與。
6. 保持好奇心傾聽他人的故事。不要只是表達自己的看法，特別是官員，必須以傾聽民眾的聲音為先。
7. 不要使用簡報（Power Point）這類的工具，這會讓使用者產生優勢，拉大與一般民眾的距離。
8. 發言過程應快速且保持互動。避免過長的演說，確保每個人都有發言機會。
9. 要能堅持落實這些原則，要有不怕挫折的實踐精神。

說故事的重要性

城市的願景會議該怎麼開呢？關鍵是避免一開始就討論眼前遇到的問題。「千萬別一開

始就討論問題，大家會全部走掉！」海默爾提醒，人民喜愛聽到令人感動的故事，而這份感動、共鳴，正是人們互相合作唯一的起點。

具體做法是，創造一個開放的場合，讓所有人來述說這座城市的故事。最初，是由海默爾開始的一場二十分鐘的演說，由二十個小節組成，每個小節都是關於阿姆斯特丹的故事。接著，令人驚訝的事情發生了。與會民眾聽完他的故事後，紛紛舉手，開始述說自己的城市故事。他們說出自己對城市的認知、觀察、建議，以及對未來的渴望。最後演變成民眾接力，一個接著一個故事加了上去，共同合作發展出大家對這座城市的願景。

自古以來，人們就一直使用「說故事」的方法喚起聽眾的感動與共鳴；人們愛聽故事，容易被好的故事感動。「一個好的故事有開頭、有情節、有結局。人們在聽故事的時候，會因為期待而變得興奮，感受到好的變化正在發生。」依據 WikiCity 的方法，故事的情節是開放的，可以不斷地連結、延長，不是專家不可挑戰的觀點或是政治人物已經決定的政令宣導，而是任何人都能參與創造、屬於大家的故事。每個人都可以在原有的架構上加上自己的情節，使整個故事變得更豐富、更生動。故事是共同創造出來的，因此與每一個人都有關係。從另一個角度來看，創造感動、傳遞感動的每一個人都是故事中的一角。開放的過程，讓每個人不知不覺地參與其中。

這個集體創作的大故事正是集體智慧的結晶，也是所有決策者都需要的資訊。這些故事雖然都源自個人的經驗，組合起來便成為這座城市的縮影。阿姆斯特丹市政府將民眾分享的故事收集起來，彙整成一個城市的大故事。每一次的演講都增加了更豐富的新故事，每說一次故事都引起不同的共鳴，回應也越來越多。最後，「城市的故事」越長越大，越來越豐富，就像維基百科一樣。

「第一次講阿姆斯特丹的故事我只花 10 分鐘，講到第七十次的時候，全部講完得花四個半小時！」海默爾苦笑。

你可能好奇，不過就是故事，大費周章是為了什麼？因為到最後，對城市未來的願景與計畫，其實就有了靈感、有了方向，而且是從上千人所說的故事轉化而成。

WikiCity 舉辦的市民城市願景討論的現場實景。

將市民的故事企劃為城市故事大展

好的故事就要與更多人分享。阿姆斯特丹市政府的下一步，是企劃出一個以這些故事為材料的城市故事大展。他們邀請了二十位在地藝術家，每人針對一個故事篇章進行創作，將這些故事衍生出來的作品企劃成一個展覽。這個展覽大獲好評，一共吸引14萬人參觀。大家對城市的未來想像，又植入14萬人心中。當然，阿姆斯特丹市政府花了相當大的心血，讓活動受到歡迎關鍵是「你要讓來的民眾感覺到自己正在貢獻些什麼，不是來消費的！」海默爾提醒，要像維基百科一般，讓人們感覺到自己正在共同創造一個偉大的城市，這樣才會喚起更大的回響。

到這裡，形成城市願景的第一步——喚起民眾的關心，成功了。抽象的城市規劃和民眾對城市的真實感受有了連結。

城市願景終於誕生

透過對話產生的故事會逐漸發酵；參與之後，民間的力量會自動集結，組成社團，為自

WikiCity 舉辦的城市故事大展。

己關心的議題努力，成為政府的最大助手。最後，影響深遠的事情發生了──2004 年阿姆斯特丹的城市願景，終於誕生。「不像許多城市的願景，是由精英撰寫而來，這是一份透過幾千人參與討論、共同決定的願景！當然，你看到的可能只是一張紙，但重點是，整個參與共創的過程為城市帶來了改變的能量。」

阿姆斯特丹的城市願景，從一個 20 分鐘的城市故事開始，經過 8 年的 WikiCity 運動之後，達成共識。這個共識最後通過議會決議，成為正式的官方願景文件。願景文件獲得議會的通過需要多久？答案是，短短的半年。「議會內無人反對！」透過史上最大民意對話平台 WikiCity 所產生出的共識，沒有人能質疑或反對。阿姆斯特丹的市郊小鎮也主動要求被納入此一願景架構。

WikiCity 這個專案的成果廣受肯定，市政府決定延續這個專案所開發出來的方法與精神。代表下一階段的新活動「the Free State of Amsterdam」被提出，宣告阿姆斯特丹是一個由群眾智慧為基礎，不斷向前演進、充滿各種選擇的自由都市。回到最初始的「自由」精神，市政府邀請了 10 位阿姆斯特丹建築師，研擬出城市發展策略。這些策略提供市民許多選擇與想像空間，又能兼顧具體實現的可能性。活動不只是展覽，還包括代表各種

民間團體想法的 29 個表演節目，其中甚至有由遊民主辦的、「透過遊民眼光看阿姆斯特丹」的節目演出。

阿姆斯特丹這個城市依靠市民的智慧、顛覆傳統的做法，提出了一套全新的城市規劃論述與具體的操作方法。從 WikiCity 到 the Free State of Amsterdam，市政府的這些實驗得到了國際城鎮規劃協會（International Society of City and Regional Planners）的高度肯定，WikiCity 這個操作方法也因此廣受全球其他城市的矚目。這個模式的成功，不僅落實了民主與自由的真正意義，也讓阿姆斯特丹繼續走在世界城市的領先群中。（文‧劉致昕）

經過不斷討論與廣泛的社區參與，2004 年產生的阿姆斯特丹城市願景圖。

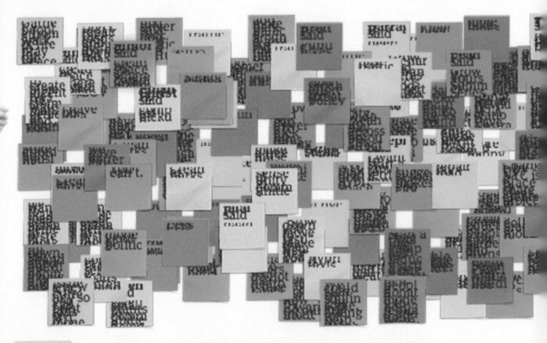

Change by Us NYC

Apply for a Grant   News   About

HEY NYC! How can we make our c

better place to live?

NEW IDEAS   SEE M

👍 Like   f 1,921 people like this. Be the first of your friends.

Change by Us

將市民創意化為實際行動

一個以城市綠化為主題的網站「Change by Us」，張貼在首頁上的虛擬便利貼是來自紐約各區市民五花八門的提案，徹底顛覆過去政府提供公共服務的模式。透過這個網站，市民將自己的願望和想法分享給大家，也間接導引出「群眾智慧」（Wisdom of Crowd）的概念，在網路上建立自己的社群連結，認識理念相同的新朋友，集合眾人之力，共同實現美化家園的夢想。

Photo: © Julienne S

「嘿，紐約市！如何讓我們的城市變得更好？」（Hey NYC！How can we make our city a better place to live？）醒目的標語加上五顏六色寫滿各式各樣點子的便利貼，被張貼在 Change by Us NYC 網站的首頁上。這是一個以城市綠化為主題的網站，已是紐約最受歡迎的網站之一。市民利用這個網站來倡議城市綠化計畫、尋找志同道合的網友，組織起來，將想法付諸實現。這個平台的四大核心理念為：

1. 分享點子。
2. 計畫發想。
3. 發掘資源。
4. 讓我們的城市變得更好。

Change by Us 的參與方法

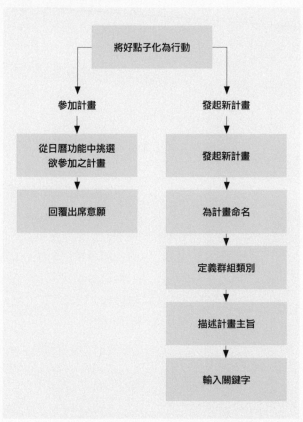

Change by Us NYC is a place to share ideas, create projects, discover resources, and make our city better.

Change by Us 的四大核心理念

網友隨時都可以將自己的點子貼在網站，或者將遇到的專業難題在網路上尋求協助，利用社群網站的特性，討論、分享、凝聚共識、付諸行動。網友也可建立自己的社群連結，進一步發起行動。無論你是藍領或白領階級，是領導者或追隨者，一點都不重要。市民隨時都可以線上搜尋鄰近地區所發起的行動，即便彼此不認識，照樣可以參與，一同加入綠化環境的行列。重點是：改變，可以從人民開始。

做為線上腦力激盪平台，Change by Us 當中，包含了幾個代表網路群體智慧時代來臨的創意。這些創意來自數十位網路精英對時代脈動的掌握，以及過去多年實驗的經驗總結。

網路精英的創意與串聯

Change by Us NYC 網站於 2011 年夏天成立於紐約市，由紐約市政府、在地計畫工作室（Local Projects）成員與都市領袖聯盟（CEOs for cities）共同運作，並獲得紐約三個大型基金會的資助。同年秋天，美國編碼組織（CODE for AMERICA）與都市領袖聯盟攜手合作，引進大量網路開放資源專家強化系統，並且進一步將 Change by Us 引進費城、鳳凰城和西雅圖，在更多城市之間產生了更經濟、更有效的連結。概念則是源自在地計畫創辦人巴頓（Jake Barton）的一個原創構想。

在地計畫，巴頓所主持的工作室，專長設計博物館的多媒體展示。透過多媒體、網路和具有實驗性的空間設計之間的巧妙運用，重新塑造大眾對於公共空間與公共事件的想像。911 紀念館就是這個工作室的代表作之一。身為一個說故事的人，巴頓是業界公認互動設計的高手，客戶包括舊金山當代藝術博物館、克里夫蘭藝術博物館、美國國家猶太歷史博物館、StoryCorps、微軟、奇異、嬌生、古根漢實驗室等。

Change By Us ——— 將市民創意化為實際行動

在地計畫工作室獲獎無數，三度入圍國家設計獎（National Design Award），二度獲選《快速企業》（Fast Company）雜誌十大最具創新及前瞻的組織。2012 年入選公共利益百大名單（2012 Public Interest 100），彰顯了這個工作室對公共事務的關注。

都市領袖聯盟於 2001 年由波士頓基金會（Boston Foundation）主席葛羅甘（Paul Grogan）創立，成員超過 40 個城市、250 個機構。葛羅甘提出市民實驗室和今日都市領導人兩個概念。他的願景是透過都市領袖聯盟，將都市領袖的宏觀視野、前瞻點子與市民組織及城市的資源連結，找出城市發展的機會。

美國編碼組織並非典型的軟體開發公司，其使命是從高科技產業募集頂尖人才，為城市所面臨的問題提供創新的解決方案。其專長包括網路資源共享、使用介面簡化、有效節省成本，以及高品質的數位內容供給。美國編碼組織以服務市民需求為首要任務，成員多為使用者介面設計師、程式設計師、高科技研究員和產品經理等。

這一組數位時代的網路精英，各自帶著自己的經驗、專業知識與關懷，共同創造出一個平易近人的網路平台。這個平台對數位時代的民主參與帶來全新的可能。

從被動的消費者變成主動的合作夥伴

「成立一個樹博物館！」
「在布魯克林區的布什維克增設更多垃圾桶，因為衛生是所有健全社會發展的首要目標！」
「我想要用我的綠色推車販售當地新鮮的水果和蔬菜，推廣給東哈林區的市民。」
「創造雨水收集系統！」
「沿著彼得金大道兩側增建樹槽！」

這些在 Change by Us 網站上出現的構想，並不是大型的都市基礎建設的提案，都是貼身、小型的構想。重點是，雖然許多構想都具備公共性，但提案人不是要求政府撥預算來完成這些構想，而是希望號召市民一起，自己動手做。

透過 Change by Us 動員社區居民，共同創造的「462 哈爾西社區花園」。

在地計畫的創辦人巴頓指出，Change by Us 創造了「居民從消費者轉變為合作夥伴的歷史時刻」。 紐約市長彭博（Michael Bloomberg）進一步指出：「透過 Change by Us 這個積極興起的社群平台，紐約市民與市府單位及非營利組織產生了新的連結，也實現了他們綠化自己的社區及整座城市的夢想。這將成為最具影響力的參與公共事務新型式，讓不可能有機會相識的市民將點子化為實際行動。」

2012 年，Change by Us 針對公園美化、植物花草維護、社區園藝、減少廢棄物、能源效率提升等項目選出年度十個傑出計畫，其中之一就是「462 哈爾西社區花園計畫」（462 Halsey Community Garden）。該計畫利用社區中閒置了 20 年的空地，經營出一個有機農園。收集雨水、集中堆肥，以有機種植取代化學殺蟲劑、除草劑和化學肥料。社區成員發展出一套自給自足的耕作機制，利用社區堆肥種出有機蔬果販售給當地企業。成員間彼此合作，建立新的社會連結和互動，也鼓勵當地青少年一起投入，體驗有機農耕。

最後，發起者還將計畫延伸至鄰近區域。這項計畫就是透過 Change by Us 的平台獲得實現的成功案例。

巴頓強調，透過像 Change by Us 這樣的平台，我們越來越容易找到志同道合的朋友，形成共識，透過可以共同合作的方法改變城市。

現在開始採取行動

張貼在網頁上的虛擬便利貼，都是來自紐約各區市民五花八門的願望。每一個市民都可以提出自己的計畫，透過簡潔和明確描述，希望自己的構想能引起共鳴。提案人也可隨即在網路上建立自己的社群網絡，認識相同理念的新朋友，共同實現改造家園的夢想。許多市民勇於透過這個網站將自己的構想與大家分享；這個分享、共同創造的過程，也形成了「群眾智慧」。

在 Change by Us 網站註冊後，就可以寫下你的計畫名稱、所屬組織、搭配關聯性高的關鍵字與引人入勝的文字計畫說明，號召大家共襄盛舉。一份吸引人的計畫應該描述面對的問題、期望達成的目標，並凸顯這份計畫被實踐的價值為何。只有那些目標清楚、議題與市民切身生活有關，又具備高度執行可行性的提案能引起迴響和討論。獲得共鳴的計畫自然會聚集人氣與資源，逐步被實現。

透過網路，提案人可以在短時間內號召具有相同理念，且能夠實際參與行動的市民。紐約市政府也會透過社群間的強連結（strong tie），把 Change by us 網站上的計畫分享在臉書、推特、Google+ 等知名社群網站，以擴大號召力。換言之，當網路上使用的社會臨場感越高，網友彼此間的信任程度也會隨之提升。

從 Change by Us 的行事曆功能裡，可以看到目前即將舉辦活動的日期、時間和地點。以往，城市的綠化工作都是由市府的環保人員執行。現在，市民可以透過行事曆功能的表單，篩選出附近可以參與的計畫，貢獻自己的時間、力量，甚至施工工具與設備。彭博指出，Change by Us 讓 840 萬個紐約居民成為市政府背後最大的智囊團。透過共同協作，

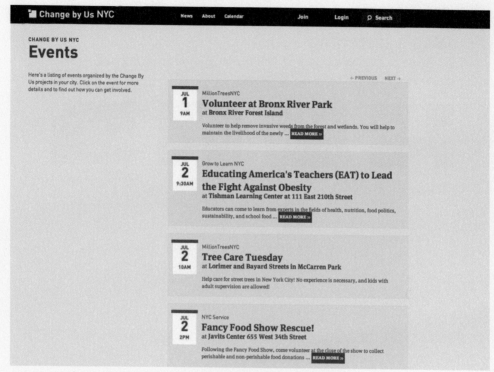

Change by Us 官網的行事曆功能。

任何人都能夠將想法付諸行動,並在自己的社區看到改變!任何人都可以提出點子來改變城市的未來。

專家諮詢,即時回饋

Change by Us 跳脫以往政府的領導者角色,而由市民主動提出方案,尋求社群支持,化為行動。Change by Us 設計了一個「誰在傾聽?」(Who's Listening?)的機制來協助提案者。網站邀請一群有經驗的專業者,在線上為提案人提供專業諮詢。顧問群包括市政府相關局處的官員、有經驗的專家學者,以及民間團體的主持人。

Who's listening?

A network of city leaders is ready to hear your ideas and provide guidance for your projects.

Veronica M. White
Commissioner, NYC
Department of Parks &
Recreation

Diahann Billings-Burford
Director, NYC Service

Nazli Parvizi
Commissioner, NYC
Community Affairs Unit

Kim Kessler
Food Policy Coordinator, Office
of the Mayor

官網上「誰在傾聽？」頁面。此一功能由公私部門專家為提案者提供專業意見。

這群經驗豐富的專業者隨時在線上掌握提案人的構想，並提供顧問諮詢。他們經驗豐富、橫跨各種領域，對許多提案人大有幫助，也提高方案的可行性。

政府與市民協作的新模式──市民外包與策展請願書

Change by Us 其實包含了兩個全新的概念，分別是市民外包（ Citizen outsourcing）和策展請願書（Curated petition），前者代表政府將部分城市環境的經營權力外包給市民，「市民」（citizen）的概念取代以往的「民眾」（crowds）。這個概念的核心是市民的主體性，市民不再是一群靜待市政府提供服務，只有投票權但沒有行動能力的民眾，而是可以承接部分城市管理權力的社群。政府透過市民外包，利用公民的群體智慧來收集公眾意見，並與市民社群合作，支持市民落實其提案。

策展請願書是落實市民外包的機制。一般市民為了實現理念，可以透過策展請願書策劃出一個行動。策展請願書描繪出願景與行動方案，刺激社群間的交流與協作。策展請願書一獲認可，便可據以動員社區、尋求市政府的協助、共同參與落實行動方案。市民外

包與策展請願書仍是剛興起的概念，藉著網路與社群網站的普及，這兩個概念讓民主與參與的概念得以在數位時代獲得新的定義。

如今，我們已經進入了一個充滿智慧手機和高速網路的世界，數位時代早已為我們開創許多不同的捷徑，來理解、導航和改善我們的城市。在這個環境下，公民行動變得較為容易、自然、即時而貼近社區。

人人都可以是「策展人」（curator）的時代已經到來。在網路世界中，每個人都可以發起規模不一的「策展」。以往，大家對於「策展人」的印象，大多是指展覽活動的策劃和推動者。今天，策展的概念可以被運用到各式各樣的領域。Change by Us 其實就是讓市民擔任策展人的一個案例。當一個提案人在網路上提出新的觀點、發起行動、串聯彼此互不認識但志同道合的網友，將構想加以實現，其實就是一個策展行動。而為數眾多的市民在 Change by Us 上發表想法，其實就是自行策展的概念的落實。透過參與者的普及，「人人都可以是策展人」的觀念已經在市民社群間蔓延開來。

利用 Change by Us 線上張貼便利貼的功能，敲敲鍵盤即時鍵入想法，就有可能牽動城市的改變！所有的公民領袖都已意識到這類平台的重要性和影響力，也樂於將這樣的方式導入所處城市。至於以往政府提供服務的那些傳統方式，在這個快速發展的數位時代，恐將面臨被淘汰的命運。（文‧許毓仁、紀瑪瑄）

DNA /5

創意行政與公私部門的合作關係

城市的開創性實驗大多立基於長期的策略性思考，待願景與策略提出之後，有賴政府內部破除本位主義，由首長帶領相關單位協力合作，方能完成共同設定的目標。都市再生的事業，需要許多新型態創意行政與公私部門合作的機制，傳統政府僵硬的公共行政作為，完全無法因應。我們需要重新思考創意行政與新型態的公私部門合作機制，以展開「都市再生」行動出現的許多新挑戰。這兩個面向，可以被稱為是都市再生的成敗關鍵。

漢堡市政府的 RISE 專案，以目標導向的價值觀帶動跨部門的行政整合，成功地去除了市政府各部門的本位主義；阿姆斯特丹 GWL 計畫，Housing Association 在極高密度的城區中創造出一個有綠地、混合式土地使用、以步行為主的高品質住宅社區；兩個東京的案例──東京車站周邊大手町案的開發案，以及六本木之丘，都是日本公私部門合作推動都市再生的典範。

RISE

去除本位主義
整合行政資源的實驗

大部分的社會問題其實是因各種問題環環相扣而導致的。若一個社區的教育資源不足,重視教育的家庭便不會移入;少了消費族群,商圈就無法形成;在地經濟疲軟,工作機會也就減少;工作機會流失,原有居民只好移出;居民人口數下降,行政資源就會減少……

這些環環相扣的問題,不可能由市政府不同局處依其職掌「頭痛醫頭、腳痛醫腳」,而獲得解決。漢堡市政府透過「社區整合發展指標圖」,診斷出社區的急迫性問題,然後由市長帶領各局處,集合資源,根本而有效地解決了這些問題。

攤開涵蓋 755 平方公里的漢堡地圖，超過 180 萬的人口散布在七大區，圖上有七項指標分別以不同的顏色深淺顯示出各區的社會經濟狀態。藏寶圖般的一張地圖，要找的不是黃金，而是改善民眾生活的當務之急。這張地圖，是漢堡市都市治理的基礎。

這張名為「社區整合發展指標圖」的地圖，乍聽之下，可能無法快速聯想到與台灣社會的相關性，但這張圖討論的內容，會出現蚊子館、都市更新、新移民、社區發展等關鍵字，卻又如此熟悉。這張地圖對城市的治理產生了很好的效果，各國的產官學代表，都紛紛來到漢堡取經。「中國建築部門的副部長也才剛來拜訪，」主掌漢堡市社區整合發展計畫的施朗斯基（Christiane Schlonski）說。

社區的發展是城市治理的基礎。以漢堡為例，整個漢堡分為七大區，每區情況與問題都不盡相同。提出發展計畫的市政府，往往並不了解各區的需求，尤有甚者，為了實現選舉時的承諾，爭先恐後蓋起各種名目的硬體設施。這些設施卻因為不符民眾需求，逐漸落入無人營運、獲利模式失靈的窘境。每一個失敗的計畫不只讓城市少了一塊寶貴的發展基地，多了一棟蚊子館，糟蹋了納稅人寶貴的稅金。有人以為，要做到回應在地需求並不難，交由社區提出計畫，就如台灣鼓勵地方社區發展協會扮演主導角色即可。然而，這種做法卻又面臨了社區政治利益掛帥、市府相關部門盲目支持的陷阱。

如何在城市整合規劃與在地社區發展之間找到財政管理與都市機能整備上的平衡，是社區發展的重要課題，而漢堡的創新治理方式正是可能的解決方案之一。

「社區整合發展指標」之所以如此特別，是因為社區發展的邏輯被重新思考，社區、居民與市政府的角色被重新定位，政治決策與管理機制有了創新。創新，就是從「社區整合發展指標圖」開始。

「社區整合發展指標圖」的七項指標

「社區整合發展指標圖」是「社會偵測」機制的調查成果。2010 年起，漢堡市發展和環境部就藉著這項工具建立了小規模、以空間為基礎的城市監控系統。 平均每 2,000 位居民為一個調查單位，將漢堡市分成 833 區，進行七個指標的調查，包括移民家庭的兒童

漢堡市社區整合發展指標圖

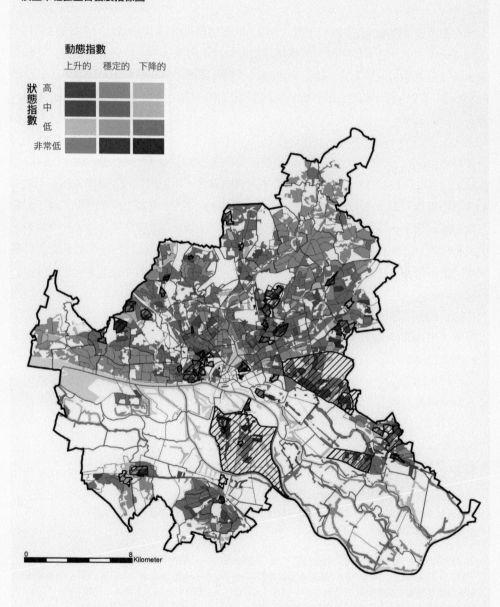

和青少年、單親家庭孩童、失業人口、兒童安全、中老年人口、教育程度、收入。

七項指標調查出爐後，各區表現指數又分成「狀態指數」和「動態指數」。「狀態指數」，分成高、中、低、非常低四種，指的是當年當區表現與城市平均值的對比高低；「動態指數」指各地區現況與本地區過去表現相比的發展趨勢，分為積極的、穩定的、負面的三種動態。最後，將每個地區的狀態指數、動態指數交叉組合評估後，完整顯示在地圖上，就完成了這張圖。

「要特別注意的是，千萬不要排名，」漢堡市城市發展與環境部專案負責人凱薩（Andreas Kaiser）指出，身為政府，最忌諱助長各地差異的擴大。若是調查報告做了各區表現的排名或是將實際分數公布，比較心態就會出現，可能導致居民搬遷、房價浮動。為了避免這樣的情況發生，漢堡市堅持只公布指標，強調各區與平均值的差異及與過往的比較。「這麼做的目的是設法凝聚政府和民間對社區問題的共識，避免任何一個社區與都市發展政策脫鉤的可能。」施朗斯基說。

社會監督機制的數據每年至少更新一次，每年檢視相同指標，以了解政府推出的政策是否有效，也有助於市民對政策形成共識。確實掌握各地區的發展步調，可以預防性地避免社區發展在不同面向上出現落後，導致貧富差距的擴大。

雖然指標只有七個，若將各區人口的移動納入考量，交叉分析後，往往能夠進一步造成

社區整合發展指標圖的評估機制

「社區整合發展指標圖」，是「社會偵測」機制的調查成果。2010 年起，將漢堡市分成八百三十三區，進行七個指標的調查，包括 1. 移民家庭的兒童和青少年 、2. 單親家庭孩童 、3. 失業人口 、4. 兒童安全、 5. 中老年齡人口、6. 教育程度、7. 收入。

七項指標各區表現指數又分成「狀態指數」和「動態指數」。「狀態指數」，分成「高」、「中」、「低」、「非常低」四種，指的是當年當區表現與城市平均值的對比高低。「動態指數」指各地區現況與本地區過去表現相比的發展趨勢，分為「上升的」、「穩定的」、「下降的」三種動態。最後，將每個地區的狀態指數、動態指數交叉組合評估後，完整顯示在地圖上，就完成了這張圖。

影響社區人口組成及移動的原因。「這份報告雖然是我們做的，但市政府其他部門也都在用。」凱薩指出。配合調查報告，各單位邀請專家學者、在地的行政官員，共同列出各社區發展的樣貌及可能面對的議題。

到這裡，我們看到了漢堡市內社區發展機制的第一個創新——「社區整合發展指標圖」。奠基於此，真正的整合性社區發展計畫才要展開。

針對診斷結果，社區居民可提案解決

有了社會監督機制，全漢堡 833 個社區都可具體列出其所面臨的急迫性問題。下一步，由各地區的行政單位、社福機構、教堂，甚至相關利益的私部門，自行提出計畫，再向整合性社區發展計畫提出申請。小至一個街區的人行道，大至一座社福中心，都由社區的利益關係人發起。「讓使用者提案規劃設計，其實準確許多，」施朗斯基坦承。由上而下的規劃往往與在地生活有隔閡，無法滿足真正的需求，常常浪費公帑。由下而上的提案能讓在地的相關利益團體從前期就開始討論需求、共同規劃，真正找出「我們這個社區需要什麼？」以及「後續要怎麼營運管理？」的具體辦法。

從社會監督報告中取得客觀數據後，在地居民可以掌握到社區具有急迫性、必須優先處理的問題。有了社區整合發展指標圖做為參考，討論過程中不只容易凝聚共識，還能帶動當地居民針對問題討論出具體的解決方案。若有私部門投資者對在地發展有興趣，也可以透過討論的過程找到可能的開發機會及潛在商機。若能逐步達成共識，至提案成熟的那一刻，政府預算或私部門的開發資金也能同時到位，開發完成後，往後的使用、營運也因在地的高度參與而不致有斷炊之虞。

然而，要求各社區針對社區整合發展指標所顯示出來的急迫性問題，提出解決方案，「一開始要花很多心思鼓勵，後來有了預算補助做為誘因，就簡單多了。」凱薩指出。

身為城市邦（City State），漢堡擁有不同的預算來源，從中央來的預算可以針對提高城市發展品質的方案提供補助，社區整合發展指標扮演了連結社區發展與城市發展的角色，「只要社區提出的計畫品質夠好且與長期的城市發展有關，通過申請審核，我們就用中

央的預算補助 50%。」凱薩補充。

跨部門的預算整合成為常態

預算上的整合則是另一項創新，也是整個計畫能夠實現的關鍵。

漢堡市都市發展與環境局城市與景觀規劃處處長修特（Wilhelm Schulte）解釋，社區整合發展指標由下而上的提案機制成功地整合在地力量，但市政府內部的整合反倒成了最大障礙。漢堡巧妙地利用預算控制，讓市政府各部門開始攜手合作。

開發計畫由在地社區提出之後，會由市政府及在地社區組成的小組先行審查，從數據、具體方案、到財務計畫，確認提案的可行性與完整性之後，才送至由市長主持的決策會議。會議桌上，來自文化、教育、環境、經濟等各部門的首長齊聚一堂，看著眼前來自基層的計畫書，一一檢視所要解決的問題、使用的方法，以及所需的預算。

審查來自基層的計畫書的過程中，各部門的首長其實就像在自我檢視其績效一樣，誰在某區少做了什麼、在地有什麼問題需要優先處理……，透過來自基層的計畫書，一目瞭然。「大部分的社會問題，其實是因各種問題環環相扣而導致的，」凱薩舉例，若一區的教育資源不足，重視教育的家庭便不會移入，少了消費族群，商圈就無法形成，在地經濟疲軟，工作機會也減少，原有居民只好移出。在居民下降的情況下，行政資源就會減少……。「像這樣的問題，是不可能放任各部門各行其事」，於是會議上，各部門的責任就更為清楚。透過討論，共同承擔、共同解決成為可能；一旦有了共識，各部門就依照討論的結果，分攤社區計畫的預算，成案後，又能得到來自中央的鼓勵性補助。財源的擴充，讓過去只能做小事的社區發展計畫有了解決根本問題、為城市整體加分的可能。

「開源」以外，這樣的決策模式還能「節流」。「有時候，提案沒人要認領，計畫被退回地方，」施朗斯基進一步解釋。提案沒人認領，是因為計畫不符合城市未來發展方向，或者不符合最大公共利益，或者因為行政單位的本位主義而產生盲點。這類提案在審議會議中就不會通過，如此便能避免地方利益團體浪費全民的資源。

整合發展指標成為追求有感革新的利器

社區整合發展指標實行至今 5 年，已有 56 個計畫通過審核。一個涵蓋幼稚園、老人照護中心、學校、運動設施的社區中心的案例，最能看出這個決策模式的優點。

透過申請，中央經費補助了建築師顧問團隊的費用，這個社區中心的需求涉及不同局處的業務範圍，各局處的預算依中心的需求編列做了整體規劃，利用一塊地的開發解決了社區的幼托、老人照護、教育、運動等不同面向的問題，跨越了行政體系的本位主義。

然而，這 56 個計畫，短則一個月就完成，長則歷時七年，跨部門會議每月定期舉行一次，審議之後還要監督後續的開發及使用過程，實施難度極高。這個機制卻已順利實施達 5 年了。漢堡市政府究竟是怎麼辦到？

「關鍵是市長的意志，」修特觀察，只有市長夠堅決，才能讓各部會首長坐在一起，每個人都交出自己部門的預算，整合之後一起使用。「市長下令，所有的局長都親自來，而不是他的下屬來。一旦協議訂了，就無法改變。」為什麼市長意志如此堅定？當然，還是政治因素。

在政府財政越來越緊縮、公民意識日益高漲的政治環境中，指標型的大型開發案有如燙手山芋，資金難尋、徵地困難、開發糾紛不斷⋯⋯，處處都是爭議，卻又不一定能讓人民有好的感受。而老舊的市區、高漲的房價、學校教育、就業機會、老人問題、社區安全這類與居民生活息息相關的問題，讓市民特別「有感」。城市的治理必須轉向，尤其，都市更新是城市規劃的焦點，於是社區整合發展指標就成為市長追求「有感革新」的利器。

「中國的副部長一直問，我們到底怎麼說服人民和政府合作的？我實在不知道怎麼回答這個問題，」施朗斯基微笑著說。她接著自剖，「我們其實只是想辦法，讓政府用更少的錢、更高的效率去回應人民的期望。」顯然，整合性社區發展指標圖是一個簡單又有效的城市治理工具。這個工具之所以能夠獲得如此的成效，其實來自漢堡市政府對自身「服務」角色的深切體認。（文・劉致昕）

GWL

住宅協會將自來水廠
蛻變為模範社區

荷蘭的社會住宅經過百年佈局，從與水爭地、共同建立社區，到細緻的都市計畫，追求社會正義、族群融合與永續發展，才換得如今為世人稱頌的成果。如何藉由妥善的土地使用管制，利用民間的活力與彈性，以及如住宅協會的第三部門機制，解決社會問題，創造具有特色的城市，同時維持城市的國際競爭力，荷蘭的住宅政策提供了很多寶貴經驗，是許多以開發掛帥的城市領導人必須深入研究的功課。

商業利益（profit）、人民福祉（people）、環境保護（planet），能不能透過一個都市更新同時實現？

在荷蘭阿姆斯特丹，一處被稱為 GWL 的自來水廠舊址，靠著被稱為 PPP（private and public partnership）的機制做到了，不只如此，還成為第一個以 PPP 為前提，在歐洲連續獲獎的開發計畫。

走進這座由舊自來水廠改建而成的新社區，一棟棟磚紅色大樓之間圍抱著綠色的城市農園。園中長著越南移民種下的香料植物，也有北非移民的野菜。原來廢棄的歷史建築內，

舊自來水廠改建而成的新社區，由一棟棟磚紅色大樓圍抱出定義清楚的戶外空間。這些戶外空間，是阿姆斯特丹難得的資產。

這個佔地六公頃多的 GWL，原是座已有一百六十多年歷史的自來水廠。

成為餐廳、時尚旅館、健身房，以及其他商業空間。誰能想像，這個占地六公頃多的 GWL，原是一座已有一百六十多年歷史的自來水廠。

Municipal Waterboard Terrain（GWL Terrain），原來是阿姆斯特丹的一個自來水廠，當地人通稱此一自來水廠為 GWL。

GWL 座落在阿姆斯特丹西側距市中心 3 公里處，比鄰於有兩百多年歷史的老舊城區旁。此區從六〇、七〇年代起就成了低收入戶、外來移民進駐的落後社區。髒亂、犯罪、貧窮等社會問題層出不窮。

現在的 GWL，在實施都市更新之後成為阿姆斯特丹的模範社區。一般住宅在預售階段就已賣光，若想住進去社會住宅，從領取號碼牌排隊開始，至少要等上 10 年。GWL 的 PPP 開發模式已成為成功典範，荷蘭各地民眾、各國政府及主要媒體紛紛前來取經。

宛如灰姑娘變身的都市傳說，起點，不是英明的市長或者偉大的開發商，而是一群社區的爸爸媽媽。

GWL───住宅協會將自來水廠蛻變為模範社區

將具歷史紀念性的建築物和水塔轉變成為各種公共空間，豐富社區生活機能。

都市傳奇的推手：爸爸媽媽＋住宅協會

有一百六十年歷史的自來水處理廠準備除役時，面積廣大，土壤、水質極為乾淨的基地引起在地社區的注意。社區居民們開始討論如何利用這塊基地，讓城市的落後地區得以轉型再生？

離市中心 3 公里黃金地段，潛在的商機引來各方覬覦，開發為購物中心？豪宅？還是商辦空間？各方爭論不休時，當地社區居民卻提出了一個大膽的選項：生態社區。在擁擠的阿姆斯特丹市中心，大片的綠地並不常見，加上 1992 年全民投票中設下了「交通流量減少」的目標，綠地和生態社區的構想獲得民眾的支持。當構想確定、準備引進開發商時，卻遇到了挑戰。

依照生態社區的構想，大片面積將留給綠地；另一方面，規劃為無車社區的想法，連停車位都不提供，等於是將有車階級拒於門外。對開發商來說，這些條件太過嚴苛，嗅不到商機，進場投資意願低落。於是，民眾只好求助於荷蘭特有的住宅協會（Housing Association）。

荷蘭住宅協會

荷蘭的住宅協會，負責興建或管理住宅的非營利法人機構，是荷蘭政府住宅部門的「另一隻手」。屬於民間的住宅協會可以整合官方、開發商與社區購屋者的意見，開發、管理住宅或社會住宅。以最大的住宅法人 YMERE 為例，每年投入約 5 億歐元整修新建各式房屋，管理的房屋數約八萬二千多個單位，業務內容不只是社會住宅和一般住宅，還包括了商業空間。

荷蘭的社會住宅品質極高，住宅協會功不可沒。對住宅協會而言，一般住宅或社會住宅均屬旗下資產，同樣向政府付土地租金，在建造的成本及材料選擇上並無不同。社會住宅甚至因為有政府補助，其建造品質甚至可能更好。有住宅協會的存在，荷蘭政府只需在早期挹注資金，房屋建造及管理成本由協會承擔，政府還有土地租金做為定期收入。

顛覆市場邏輯、充滿實驗性的新社區

經過 5 年的協調、設計，GWL 最終推出的方案讓各界大感驚訝。創新的提案內容包括每五戶必須共享一個停車位的無車家園、豪宅與社會住宅混合等等。方案推出之後，GWL 一度成為笑柄，被認為毫無實現的機會。這個由舊自來水廠基地改建、充滿實驗性的新社區的具體規劃內容如下：

目標一、融合不同族群、文化、社會階層，將社會住宅與高級住宅混合配置，並提供不同形式的住宅單元給背景多元的社群居民選擇。規劃 6 棟一般住宅，共 150 戶，以市價出售；規劃 9 棟、300 戶社會住宅，其中 150 戶由住宅協會出資興建出租，另 150 戶由政府出資興建出售；規劃 1 棟老人住宅；規劃 3 棟建物的一樓空間，提供手工藝創作者使用；出售的利潤，用以支付社會住宅的成本。

目標二、保留自來水廠的空間紋理與部分建築，從新舊融合中創造街區特色。保存原有的水道設施，規劃為具有滯洪功能的生態水池；將水塔和具歷史紀念性的建築物轉變成為各種商店及社區服務中心、會議室等公共空間，以豐富社區生活機能。

目標三、成為城市中的生態綠洲。全區規劃為無車社區，以步行為主。社區內僅規劃 110 個停車位，平均每 5 個居民提供 1 個停車位。居民入住前必須同意等候停車位，平均等候時間可能高達 10 年；社區居民必須簽署與環境友好和鼓勵使用大眾運輸的共同聲明；市政府負責規劃大眾運輸系統。（基地周邊規劃公車、電車及自行車道）；以綠建材和綠建築原則進行建築設計。14 個雨水循環再利用設施，做為社區澆花和沖水馬桶使用；由當地熱電廠提供社區的能源；每棟建物規劃綠屋頂，以提供高效的屋頂隔熱。並幫助保持恆定的室內溫度，減少冷氣、暖氣的使用；最大限度地利用太陽能。

這三個目標與充滿實驗性的做法，完全顛覆了一般常見的追求容積最大化、商業化、豪宅化的市場邏輯，連荷蘭當地的開發商也持保留態度，豈能成真？

方案宣布之後，結果出乎意料。不只高級住宅 150 戶全數售罄，300 戶社會住宅也在 10 天內吸引超過 4,000 名民眾登記。

令人驚艷的社會住宅

現在的 GWL，17 棟公寓按單親家庭、撫養殘障兒童的家庭、退休人員、老年居民等，分成不同房型，但建築設計、建材使用與單元設計的品質相仿，從建築外表難以分辨何為社會住宅、何為高價位的私有住宅。只有老人住宅的走道、門口為符合輪椅而設計較寬等細節略有不同。這個社區完全打破了人們對社會住宅社區的刻板印象。全年社區舉辦各種活動，從都市農園、屋頂花園到社區運動會、跳蚤市集等等，都有來自不同國家、不同年齡層的社區居民熱烈參與，大家相互認識，相處融洽。

區內提供不同形式的住宅單元給背景多元的社群居民選擇。

GWL———住宅協會將自來水廠蛻變為模範社區

GWL 的規劃捨去停車位換來花園及都市農園，幾乎每一戶都有自己的小塊綠地。

原來讓建商裹足不前的三大目標,因為主題概念大膽、前衛,引發很多公共討論,反而吸引阿姆斯特丹市民慕名前來。

GWL 的空地其實停進七、八百輛車都不成問題,但這個規劃卻捨去停車位換來花園及都市農園,讓幾乎每一戶都有自己的小塊綠地。銷售高級住宅的利潤,得以投入改善社會住宅的居住環境,也用來投入如用水回收、節能系統等環保設施。這些創新、體貼、環保的做法,都深受好評。

隨著 GWL 的完工和發展,周邊效應漸漸浮現。因為 GWL 生態友善的開放空間設計,鄰近地區的生活品質也獲得改善。然而,房價也無可避免的上漲,至今已漲了三倍以上。GWL 的 300 戶社會住宅的租金則還保持在當時的水準,並未迫使在地居民離開。這個多樣性混居住宅案例的成功,帶動了阿姆斯特丹一連串類似但更大規模的都更案。這類多樣性住宅方案有幾項共同點:

1. 消除社會住宅的污名化。為了消除「隔離效應」,將社會住宅和自有住宅混合,以免吸引太過單一居民,使得社會問題浮現。
2. 住商混合。住宅盡可能與小型企業、辦公室結合,讓商業、文化元素注入街區。
3. 個人化且多元的住宅空間設計。為符合不同族群生活需求,而出現了住宅空間的不同設計類型。

綜觀 GWL 的發展,從一群社區居民的請願開始,到後來成為國際間廣受注目的住宅社區典範,社區居民的環境意識、住宅協會的法人機制、民間開發商和政府間的彈性合作傳統等等這些因素都是成功關鍵。其中,尤以荷蘭政府長期以來對土地與房屋政策的重視與審慎規劃的傳統,扮演最重要的角色。

荷蘭社會對土地與居住的傳統共識

荷蘭社會對土地與居住的傳統共識,有其悠久的環境與歷史因素。史稱「低地國」的荷蘭長期以來與水爭地,細膩的防洪系統與土地規劃很早就已成為這個社會的文化,深植於政府的行政體系與全民的意識中。十九世紀末,工業革命吸引了大量勞工進駐城市,

阿姆斯特丹的土地被大規模開發為粗糙廉價的出租勞工住宅。環境品質低劣，加上曾因偷工減料造成建築物倒塌，引起極大的民怨。

為了反應民意，市政府從 1890 年開始買地，交給非營利性質的住宅法人進行住宅開發，創造了最早期的社會住宅。勞工決定自力營造房屋，卻買不起土地時，市政府也有出租公有地的政策，將土地以極低租金出租，讓勞工有其屋的夢想得以實現。

市政府在二十世紀初頒布了第一個住宅法案（Housing Act），明訂以下四點為政府的責任與義務：都市規劃為地方政府義務、限制土地私有、地方政府監督房屋建造及維修品質、社會住宅擴大至中產階級。從此，住宅被視為基本人權的一環。

在荷蘭，都市開發是由地方政府直接向農民購買土地，取得土地後再進行都市計畫。依據都市計畫完成土地開發之後，荷蘭政府並不將土地所有權出售，只出售地上權。法規支持下，政府利用優先承購權可以取得土地，進行細膩的都市計畫。市政府自 1924 年起就不再賣出任何土地，至今荷蘭有 80% 的國土屬於國有。從十九世紀開始建立的土地租賃制度（Land Lease System），也一直沿用至今。

在此一體制之下，大部分荷蘭人並不視擁有房子為當然，許多人都以不同形式接受政府補助，長期租賃房子，其中大部分是社會住宅。在許多國家的認知中，社會住宅往往代表著由公部門興建的大樓群。因為低設計規格、低造價、低社區環境品質與弱勢族群的進駐，形成惡性循環。許多社會住宅不但沒有解決原先的住宅需求問題，反而因為與整座城市形成隔離，製造了治安、貧富差距等難以解決的社會問題。

荷蘭的社會住宅不但是國家住宅政策的基礎，同時也透過法令配套和住宅協會等機制，落實了族群融合、住商混和、步行優先、集約城市、環境永續等多重政策目標。今天，荷蘭的社會住宅跳脫其他國家社會住宅惡性循環的魔咒，不但建築設計品質高，社區景觀佳，而且融入街區脈絡。GWL 就是這樣的經典之作。

迥然不同的城市治理文化

社會住宅的成功必須以細膩的都市計畫、社區計畫與都市更新為基礎。為了同時滿足住宅需求、社會融合與永續發展等多重政策目標，公部門必須積極介入主導開發計畫。政府的主動角色，使阿姆斯特丹發展出與以商業利益掛帥的城市迥然不同的治理文化、空間風貌與生活型態。

社會住宅、土地開發管制等種種看似左派的政策，可能會讓我們以為阿姆斯特丹政府的社會福利色彩太濃，會影響城市的企業競爭力與經濟發展。弔詭的是，土地與住宅政策帶有濃厚社會主義色彩的荷蘭，其實也是一個重商主義、以商立國的國家。與臺灣面積接近的國土，每一平方公尺城市土地的規劃都錙銖必較，要求發揮最大效益。國有化的土地政策，政府的手緊緊握住土地，進行細膩規劃，其實正是重商主義的務實表現之一。

這個國家，了解都市土地炒作會帶來最無效的土地利用，而且造成資源的錯置與城市競爭力的下降。最近，美國與歐洲許多以房地產開發為經濟發展主軸的城市都經歷了災難式的房市泡沫化，荷蘭卻得以倖免。

荷蘭國土大多低於水平面，早期的社區共同治水防洪，建立堤防與水爭地。同心協力爭來的土地，非常珍貴，所以就建立了合理規劃、公平分配的傳統，一直貫穿至今天的土地與住宅政策。荷蘭的社會住宅經驗，百年來的布局，從立國早期共同建立社區到今天細緻的都市計畫，追求社會正義、族群融合與永續發展，其實都堅持其核心價值，百年不變，才換得如今的成果。

經過百年來與水爭地的艱辛歷史與不斷的社會反思，與水共生與永續發展成為今日荷蘭的主流價值。如何藉由妥善的土地使用管制，利用民間的活力與彈性，以及如住宅協會的第三部門機制，解決社會問題，創造具有特色的城市，同時維持城市的國際競爭力，荷蘭的住宅政策提供了很多的經驗與案例，是許多將開發視為硬道理的城市領導人必須深入研究的功課。（**文．劉致昕**）

GWL———住宅協會將自來水廠蛻變為模範社區

大手町

如接力賽般的連動都市更新

東京車站周邊的大手町開發案以一塊種子土地為籌碼,進行如接力賽般的連動都市更新,成為日本第一個以這種模式獲得成功的案例。

中央與地方政府鬆綁過時法令,並提出願景。獨立行政法人UR 都市再生機構,則負責協調民間業者與地主,共同合作。但中央政府將基地內的政府單位遷出,釋出一塊國有土地,做為連動式都更的籌碼,正是都更接力賽成功的關鍵。

大手町的地名源自於靠近皇居的大手門。距離東京車站不遠的地鐵大手町站，是東京首都、也是全日本最大的地下鐵車站。這裡匯集了五條地鐵線，每天進出人次高達三、四十萬。尖峰時間，閘口吐出大量人潮，清一色盡是穿著灰黑西裝、拿著手提包的上班族。

熟悉東京的人都知道，在此出入的企業戰士，以金融、通信與傳媒三大業別為主，全屬日本精英中的精英。日本經濟新聞、產經新聞、讀賣新聞、三井地產、瑞穗銀行、三菱UFJ 信託銀行、瑞士銀行 UBS 集團、NTT 日本電信等公司的企業總部，都設在大手町。早在 1986 年，東京都政府就已經把大手町連同周邊的丸之內及有樂町，也就是所謂「大丸有地區」列為「東京車站周邊都市更新誘導地區」，長期由官方、民間與學界共同合作，進行深入全面的整體規劃。

1999 年，東京都知事石原裕太郎和 JR 東日本鐵路松園社長對東京車站復舊計畫取得共識，啟動了丸之內的更新開發。日本學界專家也投入計畫，由日本都市計畫研究學會組成「東京車站周邊再生整備研究委員會」，伊藤滋教授擔任委員長，提出研究報告。稍後東京都政府以此為基礎，正式發表「東京新都市改造願景」，提出三項具體政策：

1. 保存、修復丸之內車站建築及開發八重洲廣場周邊，以此二地區為核心，創造符合首都東京的景觀風貌。
2. 強化東京中央車站國際都會交通節點功能，提升站前廣場空間品質。
3. 提供民間參與都心地區建設的機會，以解決都市基礎設施不足問題，強化都心發展活力。

為了鼓勵民間地主與企業共同參與，修訂了建築基準法相關規定，放寬大丸有地區的容積率至 1,300%，並將原 31 公尺的建築高度，放寬至到最高 200 公尺。

大丸有地區的原有法定容積率是 1,000%，為鼓勵再生開發，此區劃設為「容積特別適用地區」，放寬容積率至 1,300%。但因為一些歷史建築如東京車站復舊工程，1,300% 的允許容積並未完全使用，剩餘的容積轉售給其他大樓，將所得用以進行整修復舊的工程施作。因此，部分大樓的容積可達 1,600% 至 1,700%。

大手町土地重劃事業實施區域 (約13ha)

大手門

大手町駅

皇居

東京駅

大丸有地區

有樂町駅

Google earth

大手町土地重劃事業實施區域位置圖

小泉首相的都市再生政策

「活化都市是日本二十一世紀活力的來源」，2001 年日本首相小泉純一郎上任後旋即成立都市再生本部，由小泉本人親自擔任本部長，發表強化都市魅力和國際競爭力的「都市再生政策」。以環境保育、防災、國際化等觀點研訂二十一世紀的都市再生計畫，並做為振興經濟的重要政策。

日本政府首波指定的優先都市再生地區分布於東京、橫濱、名古屋及大阪等四大都市。其中東京的「都市再生緊急整備地域」分別位於市中心的東京車站周邊、新橋、赤坂、六本木、秋葉原、新宿站、大崎站、新宿富久沿道地區，以及東京臨海地區。隨後又公布了全國 14 個大都市指定都市再生地區，總面積達 5,700 公頃，其中 40%（約 2,370 公頃）位於東京都內。日本都市再生政策的核心並非僅止於單一建物的更新，而是提出具體的行動方案，將都市再生與都市結構改造緊密結合。四項重要的目標為：

1. 廣域資源循環的都市計畫：在大都市圈的臨海地區，以廣域、綜合性整理方式興建廢棄物處理、資源回收等設施，建構二十一世紀資源循環都市。
2. 建構防災安全都市計畫：改善以防災公園為核心的大型防災據點及避難路徑，強化防災架構。
3. 充實交通基盤計畫：改善環狀道路、都市鐵道、首都圈國際機場、國際海港等交通基礎設施。
4. 建構都市據點計畫：運用大規模低度使用土地，開發都市據點，妥善更新老舊公有住宅，創造舒適居住環境，建構資訊化的都市據點。

2001 年日本首相小泉純一郎上任後，將都市再生政策提升為國家級戰略目標，更為日本城市再生提供了極大的動能。大丸有地區在中央與地方政府的政策鼓勵之下，官方、民間、學界達成共識，歷時多年鴨子划水的醞釀，區內更新工程終於一一啟動。

丸之內大樓啟動大丸有第一波都市更新潮

2002 年，最靠近東京車站街廓的丸之內大樓率先完工，是丸之內地區第一波的開發案。丸之內大樓在外觀上保留了原限高 31 公尺的歷史腰線，更新為地上 37 層、地下 4 層的建築。過去，93% 的面積均為企業辦公樓層，現在則大幅擴充百貨商場與餐飲業的面積，設立了 40 家餐廳、超過 100 家的商店，並增設藝術文化等公共設施。

丸之內大樓啟動大丸有地區第一波都市更新潮。

大手町─────如接力賽般的連動都市更新

開幕第一個月，丸之內大樓平均每天湧入 9 萬名遊客，一掃過去每到夜晚及週末，整個街區宛若空城的景象。亮麗的表現，證明丸之內地區具有成為綜合性商業及辦公大樓的潛力，大幅提高其他土地持有人參與更新意願，加速大丸有地區的更新浪潮。

大手町地區則於 2003 年展開都市再生協商會議，兩年後進行拆建工程，2009 年完成第一棟更新建築。直到目前，整個區域的更新再造仍在持續進行。

都市更新接力賽的第一步──大手町種子基地

大手町區域內有七成以上的大樓屋齡都超過四十年，不僅外觀顯得陳舊，建築的防災耐震、資訊網絡和節能減碳等功能也不符合現今的標準。

大手町地區面臨的挑戰在於原有建物多屬金融、資訊通信與傳媒等企業的總部大樓，業務全年無休，而且必須持續 24 小時運作。因此，這些企業總部大樓的更新無法採用一般「先拆後建」的更新模式，必須逆勢操作，先建後拆。40 位大手町土地所有權人、大丸有地區再開發推進協議會及東京都和千代田事務局共同組成「大手町地區再生推進會議」，很快地討論出共識與方針，提出「大手町連鎖型都市再生計畫」。利用一個極有創意的手法，由幾個企業之間密切合作，以種子基地為籌碼，連動接力更新。這時，區域內一塊公有地的釋出便成為啟動大手町都市再生的關鍵。

2003 年 1 月，日本都市再生本部提出了「活化國有土地做為都市開發據點」的政策，明確指定大手町中央合署辦公廳原有公務單位搬遷到埼玉縣，騰出了面積 1.3 公頃的土地公開標售，以配合民間企業進行大手町老舊地區之更新。這塊面積 1.3 公頃的土地是後續接力更新的籌碼，讓後續整個更新運轉得以順利推動。

一開始，推進會議商請獨立行政法人 UR 都市再生機構參與更新計畫，執行土地重劃及整體溝通協調工作，由 UR 都市機構出面買下該 1.3 公頃國有地，其中三分之二地權轉售給出資者設立之「大手町開發公司」。 該公司係由公開招募的大手町地區土地所有權人參與，與 UR 都市機構共同持有種地，並負責擔任實施者。其次，提出創新的「種地交換」模式，讓大手町有意參與更新的土地所有者能在確保業務持續不輟的狀況下，順

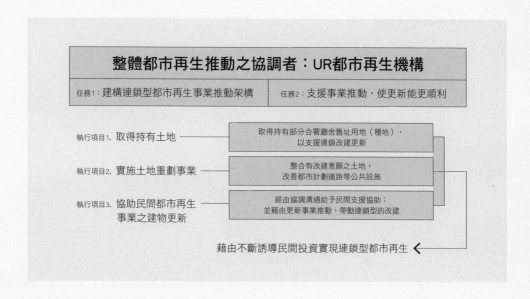

利完成更新。大手町「種地交換」的具體推動手法如下：

連鎖型都市更新的具體操作方法

首先，原大手町合署廳舍1、2館國有地周邊共有17棟大樓有意願參與更新。第一批提出更新申請者，包括日經Building（日本經濟新聞）、JA Building（日本農業合作組合），以及經聯團會館（日本經濟團體聯合會）三棟建物地主。第一批更新者以換地模式，將自己的建物與UR都市再生機構買下的合署廳舍1、2館基地進行地權交換，即可拆除廳舍建物，展開新大樓興建工程。施工期間，因第一批更新地主已交換取得地權，但仍借用原建築繼續營運，須支付租金給種地所有人。

2009年4月，中央合署辦公廳舍舊址上的新建物完工，第一批申請更新者共同進駐新大樓，搬遷後空出的三棟舊大樓土地變成了第一次更新事業完成後所產生的新「種地」，隸屬於原種地所有權人。第二批提出更新申請者，為原日經Building、JA Building及經聯團會館舊址旁的兩棟大樓，土地面積約1.4公頃，地主包括三菱地所。在2009年啟動第二批更新工程後，同樣以換地的手法和擁有「新種地」的地主進行第二次換地，先建

大手町再開發事業區範圍

種子基地:
合署廳設舊址土地(1.3公頃)

第一、二次再開發事業範圍

大手町地域範圍
(40公頃)

大手町再開發事業
劃定區域(13公頃)

大手町再開發事業推動過程

第一次再開發事業（連鎖型）

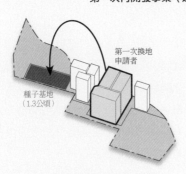

第一次換地
申請者

種子基地
(1.3公頃)

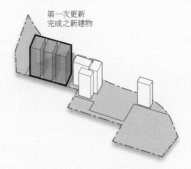

第一次更新
完成之新建物

2006年第一次假換地

• 由日經、經團聯、JA提出申請予
　集中換地到合署廳設舊址土地（種地）。

• 基於土地雙重使用，請土地權利人
　支付負擔金充當停止種地使用之補
　償費。

第一次事業更新 2006~2010年度

• 可在交換土地上由大手町開發公司
　實施更新事業。

• 土地權利人更新前建物由其自行負
　責拆除。

第二次再開發事業（連鎖型）

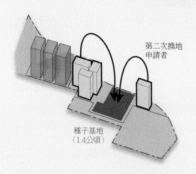

第二次換地
申請者

種子基地
（1.4公頃）

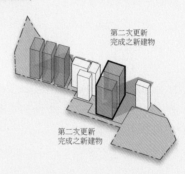

第二次更新
完成之新建物

第二次更新
完成之新建物

由參與第二次事業推動之土地權利人
提出申請，再行換地到新種地。

基於土地雙重使用，請土地權利人
支付負擔金充當停止種地使用之補
償費。

第二次事業更新 2009~2013年度

於經團聯、日經、JA之換地上實施
更新事業。

再開發事業完成時

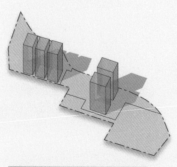

完成時 2013年

於大手町開發公司機構等持有土地
進行換地（推動新的連鎖改建事業）。

後拆。第二批更新地主可繼續使用原有大樓維持其業務營運，且支付租金給地主。

第二次更新工程於 2012 年完工，在原來日經 Building、JA Building 及經聯團會館舊址的種地上，第二棟新建物落成。第二批更新申請人完成搬遷後，再以同樣的換地方式推動大手町重劃地區的更新。

如此活用換地的手法，稱之為「連鎖型都市更新」。以 1.3 公頃的國有地為起點，進行一個接著一個的更新改建。一棟棟因業務必須持續進行而無法先拆的老建物群，可以等到新建築完成、公司進駐之後再拆，空出土地，讓下一批參與者蓋新大樓。如此一來，所有企業的營運都不必停頓，先拆後建的策略得以落實，整個區域的更新變成一盤活棋。

種地的手法先帶動面積 13 公頃「大手町重劃地區」的建物更新；最終將促使 40 公頃再生計畫區域內的老舊建築循序漸進地新陳代謝，蛻變成符合現代需求的國際商業據點。

整個計畫從 2005 年拆除公有地上的建物開始啟動。第一棟再生大樓於 2009 年完工啟用，第一波更新者遷移至高層部的三棟大樓，但低層部相連的複合式新建築群，設立了町國際會議中心以及店鋪與餐廳，強化國際業務交流據點和商業的功能。新大樓在地面與地下的部分特別設立了寬敞的人行通道，使動線更為開闊友善。同時也融入綠建築概念，包括屋頂與牆面的綠化，甚至在國際會議中心屋頂闢建了農業廊道。

UR 都市再生機構的角色

大手町是日本第一個以種子土地概念進行連動更新的案例，UR 都市再生機構以中立身分擔任統籌整合角色，建立官民之間的溝通橋梁，是極為關鍵的角色。

都市更新的過程中，牽涉複雜的私有土地權利關係，UR 都市再生機構必須密集與更新地區的權利關係人溝通，取得共識。同時也必須與主管機關折衝協調，推動土地重劃與都市基礎設施機能更新。UR 再生機構也必須提出靈活的策略，引導民間企業投入資金，才能完成共同目標。

UR 都市再生機構的前身是成立於 1955 年的日本住宅公團。在長達半世紀的歲月中，隨著戰後日本政治、經濟、社會結構的改變，配合國家政策不斷調整功能、組織甚至名稱，從大量興建公團住宅、解決戰後國民基本居住問題，到轉型投入新市鎮開發和公共設施興建與修復，鐵路興建與沿線住宅社區開發，乃至 1995 年投入阪神震災復建等，扮演執行國家政策、解決住宅建設問題的角色，深獲日本民眾信任。

日本的都市更新機制與臺灣的不同之處，在於第三方平台的存在，擔負起統籌、策劃、支援、溝通協調的任務。像 UR 都市再生機構這樣立場公正、經驗豐富的獨立行政法人，協助民間企業與政府共同進行都市再生，當然更具有公信力與效率。臺灣常見的都更模

日本都市更新的第三方整合平台：UR 都市再生機構

「獨立行政法人 UR 都市再生機構」成立於 2004 年 7 月，前身為成立於 1955 年的日本住宅公團，其組織名稱與功能歷經多次的轉變與調整：

1. 日本住宅公團時期（1955 至 1980 年）：二次大戰後，日本各地房屋受到戰火破壞，且需大量安置海外遣返難民，日本政府成立日本住宅公團，大量興建公團住宅，解決基本居住問題。隨著戰後的經濟社會變遷，日本住宅公團配合國家總體經濟政策投入新市鎮、公共設施及鐵路沿線住宅開發。1969 年日本都市再開發法頒佈之後，住宅公團也開始推動包括東京墨田區等 9 個地區的住宅更新事業。
2. 住宅、都市整備公團時期（1981 至 1996 年）：1981 年日本住宅公團的功能由原有的推動地區住宅更新提升為整體都市機能更新，如推動著名的橫濱 MM21、埼玉市新都心等地區的重劃事業與開發建設。 1995 年發生阪神地震，參與了災後重建、興建住宅及實施神戶在內等 5 個地區的更新。
3. 都市機盤整備公團時期（1997 至 2004 年）：以充實都市基礎設施更新、推動土地重劃事業為主。
4. UR 都市再生機構（2004 年至今）：主要功能為協調推動都市更新事業，積極引導民間企業的資金、技術、經驗投入都市更新。

UR 都市再生機構是介於政府與民間之間的獨立行政法人。其最高主管及預算均由日本政府指派分配，但擁有獨立的人事權，在營運上必須自負盈虧。其資本額為 1 兆 6 億日圓（中央政府出資 9,986 億日圓，地方政府出資 20 億日圓），年度預算為 1 兆日圓，事務所遍及東京、千葉、大阪、福岡、名古屋等主要城市，共有四千多名員工。由於其歷史前身不曾有弊案發生，轉型為 UR 都市再生機構之後，不論在規劃、執行效率或是行政清廉度上始終深獲日本民眾信賴。

式，由建商擔任整合角色，開發案完成後就轉售結案，獲利了結，當然不易獲得參與地主的信任。

不動產證券化，籌措民間資金

資金的籌措也是推動都市更新是否順利的前提。在大手町的案例中，由於土地位於都市精華區，地價昂貴，購買合署廳舍的地權耗費龐大，一般民間企業顧慮財務風險，籌措資金相對不易。UR 都市再生機構率先投入購買種地，繼而吸引保險及不動產公司購買三分之二土地，帶動民間投資開發意願。

通常，民間開發商都是以融資的方式向銀行借款，但為了籌措都市更新開發所需要的龐大資金，日本政府開放不動產金融商品，在制度上可由民間企業成立 SPC（Special Purpose Company，指以發行不動產證券方式經營的特別目的公司），對外發行不動產證券，甚至上市，讓一般民眾來認購。對投資的民間企業來說，將土地權利切割證券化，一方面可籌措大規模的開發資金、降低風險，另一方面開放大眾共同持有資產，由民間企業擔任管理租賃的角色，可長期保有土地，完整規劃經營。這與台灣參與都市更新的開發商傾向直接取得樓地板轉售了結的操作模式，做法大不相同。

日本大型都更的特色──同心協力的產官學合作

三菱地所是大丸有地區的最大地主，擁有超過三分之一土地，成為民間業者的領頭羊。1988 年，組成「大丸有地區再開發計畫推進協議會」，整合地主意見，並與行政部門溝通，討論開發願景及相關法令修訂事宜。1994 年組織造街懇談會，號召其他土地所有權人討論更新意願。如果沒有三菱地所的主導參與，大丸有地區更新不可能順利推動。

最初，地主們傾向將丸之內打造成東京的華爾街，但經過深入討論之後決定調整方向，並制訂共同協定。最後的共識是結合歷史記憶，融合新舊景觀，重塑地區整體風貌，使得大丸有地區的都市更新不只是高樓改建、帶動都心地區人氣復甦，還能兼顧整體區域發展。當然，所有的建築都必須符合綠建築標準。為了提供充滿綠意與寬敞的公共人行空間，建築物面街的牆面必須統一退縮，讓出通道空間。

為了讓民眾了解環境永續共生與都市更新的關係，三菱地所與大丸有地區經營管理協會成立大丸有生態據點事務局，設立四個生態教育據點。新落成的新丸大樓 10 樓的「ECOZZERIA 都市環境永續中心」就是一處開放的環境教育場所，成為大丸有地區都市更新與環境永續議題持續對話的中心。這個中心展示可觀測周邊大樓風速、雨量與溫度的各種新式儀器，以及利用改建時回收的廢棄物資所製作的家具，中心也開放會議室給相關社群團體進行各種環境議題的討論。

「共棲、共處、共榮、共生」的群體意識

2012 年 10 月，復舊完成的東京車站重新開放，吸引了無數的目光。這座為紀念日俄戰爭勝利而興建的紅磚歷史建築，興建百年之後再度成為推動東京都市更新的火車頭。整

為了提供充滿綠意與寬敞的公共人行空間，建築物面街的牆面必須統一退縮，讓出通道。

大手町──如接力賽般的連動都市更新

東京車站的修復已經完成。周邊的更新包括丸之內車站前連通皇居的禮賓大道，以及八重洲站前廣場、大手町等。宣示了大丸有地區的都市再生。

個地區整理的範圍，除車站主體建築之外，還包括丸之內車站前連通皇居的禮賓大道，以及八重洲站前廣場等。整個地區的保存與整理，以既古典又現代的風貌宣示了大丸有地區的都市更新與再生。

東京都更的特色在於官方與民間的緊密合作，從首相到地方區長，從學者到市民，從民間企業到國營企業都願意長期投入，才能掌握每一次城市蛻變的契機，從一個點擴及線與面，逐步完成像大丸有這樣大規模的都市核心再造。長期觀察東京都市發展動態的都市更新專家何芳子指出：「日本的一個更新案通常需要耗時 10 到 30 年，若不是地主、

民間企業、學者專家、地方政府與中央政府同心協力，討論出整體方向，提出願景，不斷整合協調，凝聚共識，絕不可能竟其功。」日本政府提出整體都市的戰略目標，擬定框架性的計畫，透過容積獎勵與鬆綁過時的法令限制，誘導民間企業與地主參與都市更新，共同完成都市再造。

東京的都市更新案雖然大多由財團地主或地產開發商主導，結合土地所有權人共同參與，但是有良好的參與機制，較能顧及小地主的權益。參與都更的大地主、小地主或是財團共同成立社區再生懇談會，組成更新會，擁有平等的投票權，透過密集的開會溝通，協調出地區再生的定位與共識。

獨立行政法人 UR 都市再生機構具有公信力且經驗豐富，建立起開放、公正與互信的溝通平台，整合了多方的推動力量。大手町更新案因為 UR 都市再生機構的居中協調，才能夠靈活運用釋出的國有地，成為第一個採取連鎖型都市更新策略的成功案例。

日本自古地震頻繁，重視防災及群體合作才能共存的集體意識深植於一般國民的內心。都市更新不只是單棟建築物的重建，背後隱藏著「共棲、共處、共榮、共生」的群體意識，猶如一粒種子足以影響一座森林的生態樣貌，每個都市更新案都關係到整個都市再造的結果。（**文‧駱亭伶**）

六本木 Hills

民間主導、政府配合的
超大型都市更新

六本木 Hills 案例之所以能夠歷經挑戰，費時 17 年完成，其關鍵在於森集團前社長森稔的願景、經驗與堅持。森稔將這個都市更新案視為落實東京新的理想都市型態──「垂直花園城市」的大好機會。

森稔曾說過，「從創業到現在，我們從沒靠轉賣土地賺取利益，而是通過與居民共同創造出來的建築物或城區價值來一決勝負。」透過核心價值的堅持與多年的努力，這一個超大型都更案終於完成。六本木 Hills 成為日本有史以來規模最大的由民間主導、政府配合的都市更新案。

要體驗傳統日本典雅精緻的生活美學與寧靜而有禪意的巷弄空間，則非京都莫屬。但如果想捕捉日本的現代感、年輕人的流行趨勢與城市生活的多采多姿，鏡頭就絕不能跳過東京六本木 Hills。

「Hills 族指的是居住於日本高級住宅區、穿著牛仔褲的 IT 新貴與年輕創投家」、「每年吸引 4,500 萬遊客，是東京迪士尼的四倍」、「開放到 10 點的森美術館成為東京夜間人氣約會地點」……自 2003 年 4 月開幕以來，六本木 Hills 就像一個光華奪目的舞台劇場，不斷放送著前衛、時尚、與國際同步的文化流行訊息。

占地 11.6 公頃的六本木 Hills 位於東京港區。港區是日本東京都內 23 個特別區之一，位於東京東南方、緊鄰東京灣，是一個聚集諸多外國大使館、國際氣氛濃厚的地區。境內著名的市街包括赤坂、新橋、濱松町、外國觀光客與酒吧雲集的六本木、高級住宅區的麻布和白金台、青山、台場，以及 2003 年開發完成的六本木 Hills、東京中城和汐留 SIO-SITE；東京最重要地標東京鐵塔亦位於此區內。

都市更新之前，這塊基地有一棟老舊的大樓，是朝日電視台的總部、一個沒有特色的辦公街區、一棟興建於 1955 年的國民住宅，以及一個地勢低窪的住宅區，巷道狹窄，建物簡陋，有嚴重的防災問題。

1982 年，朝日電視台計畫改建總部大樓，但因為地形不夠方正，基地與周邊道路有很大的高低差，單獨改建效益有限。當時，東京港區政府希望推動這個地區的整體更新，於是朝日電視台找了街區所有地主溝通整體更新的想法。他們找上了對大規模都市更新經驗豐富，正在推動赤坂 Ark Hills 都市更新的森集團，擔任都市更新的規劃與整合者。1986 年，六本木 Hills 都市更新案正式展開。

民間主導、政府配合的超大型都市更新

六本木 Hills 都市更新案佔地 11.6 公頃，相當於 2.35 個東京巨蛋，耗資 2,864 億日圓，不僅是日本有史以來由民間主導規模最大的都市更新案，也是當時世界上最大規模的民間更新改建案。更讓人感到驚訝的是，一般而言日本的都市更新案件規模多在 1 公頃左

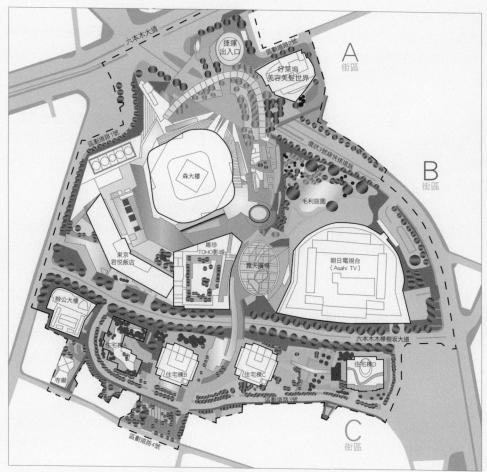

六本木Hills的主要內容,包括:森大廈辦公大樓、森美術館、美食購物區、露天廣場、4棟住宅大樓、朝日電視台、
毛利庭園、東京君悅飯店。

六本木Hills───民間主導、政府配合的超大型都市更新

右，權利人數最多僅幾十人，六本木 Hills 的土地權利關係人竟達 380 位，租戶（包括租地權人及租屋人）有 300 戶；協調過程還歷經了日本泡沫經濟時期，土地價格發生劇烈變動。整個更新事業從開始協調到獲得權利關係人百分之百同意，最終完成開發，共耗時 17 年，過程之艱鉅可稱日本都市更新史之最。

很多人都好奇，為何森集團能夠主導一個連日本政府都很難達成的大規模都市更新？

六本木 Hills 案例之所以能夠歷經挑戰，費時 17 年完成，其關鍵就在於森集團前社長森稔的願景、經驗與堅持。六本木 Hills、表參道 Hills、上海環球金融中心都是森稔的代表作，曾被 2008 年美國財星雜誌評選為 2007 年「亞洲年度企業家」，榮獲北極星勳章、大英榮譽勳章等獎項。森稔期盼，將這個都市更新案視為落實東京的理想都市型態——「垂直花園城市」的大好機會。

森集團挑戰傳統土地細分式的平面都市規劃，打破單一的土地使用分區概念。在這個都更案中，希望透過垂直化、多元化的設計手法大量利用空中與地下空間，將規劃成日本第一個結合居住、工作、商業、休閒、文化、娛樂、教育、綠化與防災機能的都市更新案。六本木一帶原本酒吧林立的商業區，也因為這個大型都市更新案的成功，提升為兼具國際觀光與藝文機能的文化都心。

六本木 Hills 以森大樓為中心，全區動線以柔和的曲線和圓形構成。利用 19 公尺的落差，配合曲線的動線步徑，連結了不同高度的平台、綠地空間與廣場。設計者採取日本庭園的迴遊式設計，遊走其間有如漫步於一個景致優美的山丘公園，不斷有令人驚喜的空間出現。這一切正是這個都更案「垂直花園城市」的願景的實現，也是森集團多年來希望在東京實現的新都市型態。

都市更新法頒布前森集團的都市更新經驗

六本木 Hills 更新案的願景，與森集團的地緣、企業發展方向及核心價值有著密切關係，從中也可一窺半世紀以來東京城市發展不斷省思與辯證的進程。

森集團並非日本傳統的大型財閥地產開發商，而是從辦公室租賃管理起家的小公司。前社長森稔位於東京港區虎之門的老家經營米行，祖父因受地主信任委託，開始從事房屋租賃管理事業。當時的社會價值觀認為房屋仲介租賃是不勞而獲的事業，而有所歧視。1959 年，森稔與父親創立了森大廈株式會社，將業務定位為「為戰後努力振興的公司企業提供辦公室租賃服務」。

因為白手起家，沒有土地資源，森集團從創業之初就採取挨家挨戶說服小地主共同合建、創造物業並長期租賃的策略。儘管常常吃閉門羹，他們堅信這是一個可行的策略。森稔從改建老家的經驗中體悟了共同建築開發的優點；位於陋巷、被認為毫無用處的基地，一旦結合面向主要幹道的基地改建成面積較大的出租辦公大樓，不論土地持有人和公司雙方都能夠創造豐厚的利潤。

從此，「整合一個大基地建造一棟辦公大樓」就成為森集團的企業模式，執行方式是與地主共同合建，長期持有產權，並由森集團負責租賃管理。或許，共同改建現在已經相當普遍，但當時日本的房地產界幾乎都是自地自建，由社長與員工親自走上街頭與地主懇談的做法被認為是異端，幾乎沒有同業跟進。

森集團堅持這一個將小建地整合成大基地的策略，在一九六〇、七〇年代的二十年裡，在新橋與虎之門一帶，建造了五、六十棟依數字編號的大樓，在日本都市更新法頒布前就累積不少整合地主合建開發的經驗。誰也沒想到，這種很少有人願意幹的麻煩事，卻磨練出日後參與大型都更案的耐力與經驗。也因為整合地主的都更經驗豐富，森稔社長被日本政府邀請加入委員會，參與制訂都市更新的相關法令，為日後日本的都市更新奠定了法律基礎。

森稔曾說過，「從創業到現在，我們從沒靠轉賣土地賺取利益，而是透過與居民共同創造出來的建築物或街區價值來一決勝負。」

街區更新的第一個實驗

1965 年到 1970 年，是日本戰後經濟起飛期，當時的日本積極發展鋼鐵、汽車等重工業，

日本第一棟超高層建築霞關大樓，突破了 31 公尺建築高度限制，開啟東京超高層大樓的時代。

成為世界工廠，朝經濟大國的目標大步邁進。許多人才湧進東京，住宅或辦公空間都嚴重短缺。為了更有效地使用商業區土地，1968 年由日本台裔建築師郭茂林負責規劃整合的日本第一棟超高層建築霞關大樓落成。霞關大樓突破了東京 31 公尺建築高度限制的天際線，開啟了超高層大樓的時代，不管是民間或政府都感受到東京面臨了重整都市風貌與機能的必要性。

1969 年，日本頒訂「都市再開發法」，1971 年森集團啟動了赤坂地區 Ark Hills 更新案，這是森集團從合建大樓轉向街區更新的第一步，也是法令頒布後日本第一個民間都市更

新案。對政府、民間投資者與參與更新的地主來說，都是前所未有的經驗，整個改建案費時 17 年完成。因為有了 Ark Hills 的經驗，日後六本木 Hills 才能取得多數土地所有權人的信任，而 Ark Hills 的概念也成為垂直花園城市設計構想的原點。

Ark Hills 舊址的中央是森集團買下的一個大眾浴池，周邊兩個地鐵站各距離基地 1 公里，基地兩側各有一個彼此不相往來的高級住宅區與平民住宅區，整體環境猶如孤島，即使改建為大樓也無法吸引企業進駐。不像銀座、新橋一帶早已經過調整規劃，這裡的道路蜿蜒、坡度傾斜，如果沒有進行整體規劃設計，幾乎難以利用。森集團基於過去改建的經驗，以及對於公司發源地港區的情感與使命感，在當時員工僅 120 人的情況下，全員投入 Ark Hills 更新案。

東京都政府當時也在尋找適合整體更新的街區，獲知森集團有意推動街區更新，相當支持。在東京，高級住區多建於台地，低窪谷地則多為老舊的住宅區。六本木有一片被稱為「崖下之谷町」的老舊街區，環境品質極差，都政府主動建議一起更新。1971 年，日本都市規劃學者高山英華教授及郭茂林建築師，曾針對赤坂、六本木及周邊 65 公頃地區進行調查，規劃出這個區域的發展願景及應該承擔的都市機能。森集團看過這份由當代日本最傑出的都市計畫專家所描繪的願景之後，便將其視為投入東京港區街區更新的指導藍圖。

人，才是活化城市的關鍵

1986 年春天，Ark Hills 完工，許多外資銀行正在東京找據點，紛紛選擇了 Ark Hills，使得 Ark Hills 彷彿成為世界各國銀行的東京分部。除了樓層面積大、租金比丸之內地段便宜之外，更重要的因素是這裡擁有 24 小時的生活機能，包括辦公室、酒店、音樂廳、國際水準的住宅區。東京港區原本就是外交使館集中之地，有可安排子女就學的國際學校，也聚集了外國人的社交場所，對於離開家鄉的外國人來說，是一個安心與便利的街區。

因為近距離接觸觀察外籍商務人士的生活型態，森集團看到，在港區建造一個符合國際人士生活及商務需求的街區，有極大的潛力。這個想法大幅改變了六本木 Hills 的開發方向。事實上，在早期推動辦公大樓合建時，森稔已經意識到，「人」才是活化城市的關鍵，

當充滿活力的族群進駐之後，整個街區就會變得有魅力。因此，城市規劃者應該細心體察、盡力滿足人的需求，以吸引高品質的人才進駐，共同創造出有活力的城市。

垂直花園城市願景與核心理念逐漸成形

森集團在 Ark Hills 完工後，立即投入了六本木 Hills 更新規劃。森稔前往國外城市考察，觀察國外企業人士的生活型態與價值，尋求靈感。他認為，日本人之所以每天需要耗費兩個半小時的通勤時間，是因為習慣了由歐美現代城市所發展出來的住商分離的都市計畫模式。其實，在日本江戶時期或是歐洲傳統都市並非如此。當社會發展到後工業資訊時代，應該增加都市地區的土地利用效能，讓人與企業回歸到城市的中心。而一般人即使是在東京，也希望住在獨門獨戶的房子，導致土地不斷細分，無法有效利用。這些課題，都必須有新的解決方案與都市模式才能解決。

森集團確立了垂直發展與多元利用的都市設計方針，並決定將六本木 Hills 打造為國際文化都心。森稔曾在其著作中完整闡述了六本木 Hills 的核心理念如下：

在規劃為混合使用的城區或城市中心，我們應提出一種新的超高層集約城市型態，將工作、居住、娛樂、商業、學習、休憩、文化、交流等多項城市機能立體疊加，使得人們能夠在徒步圈內完成各種生活機能。我們應將以往住商分離型的城市轉變成住商混合，以實現城市空間、自由時間、綠化面積、安全與選擇都能倍增的目標。

推動這樣一個大型的都市更新再造，首先要提出區域的整體都市規劃，再整合被細化分割的土地，提高容積率，同時也要防止建築密度過高。若能把建築的建蔽率控制在最小範圍內，就能留下較大面積的土地和人工地盤，做為綠化及公共的開放空間，從而設計出與紐約曼哈頓完全不同、綠意盎然的超高層立體城市。透過垂直花園城市的概念，可以實現知識資訊社會的生活方式，具備多元的生活機能，一天 24 小時都能充分利用，對女性和高齡者非常友善的城市空間。此外，讓人口向城市中心集中也能夠提高環境效率，使周邊和郊外的自然環境恢復原貌，從整體來看，能夠達到減少環境負荷的效果。

1998 年底，森集團開始展開六本木 Hills 建築及景觀設計工作，邀請了許多日本及國際

住宅棟B

住宅棟C

寺廟

辦公大樓

住宅棟A

森大樓

東京君悅飯店

補助10號線

維珍
TOHO影城

住宅棟D

露天廣場

六本木櫸樹坂大道

六本木大道

朝日電視台
（Asahi TV）

捷運
出入口

好萊塢
美容美髮世界

毛利庭園

區劃道路2號

環狀3號線快速道路

六本木的垂直花園城市願景：新的超高層集約城市型態，將工作、居住、娛樂、商業、學習、休憩、文化、交流等多項城市機能立體疊加，使得人們能夠在徒步圈內完成各種生活機能。

六本木Hills———民間主導、政府配合的超大型都市更新

六本木的垂直花園城市規劃，將大面積的辦公大樓與兩棟高層住宅區臨近配置，提倡居住、工作、與商業混合使用的理念。

一流建築師，以垂直花園城市的願景做為指導原則協調整合，共同創作。整合正是森集團的專長，也創造出六本木 Hills 多元豐富的建築風格。

森大樓由美國東岸的 KPF 事務所負責設計，底層商業空間則採取了美國西岸傑帝（Jon Jerde）建築師事務所提出的暖色調自由曲線設計，頂樓美術館與展望台則由建築師格魯克曼（Richard Gluckman）設計，朝日電視台總部由日本建築師槙文彥設計，新一代的日本建築師青木醇、隈研吾也參與了部分的設計。六本木 Hills 就像一場建築大師的設計盛會。

3 年的工程、14 年的溝通協調

更新過程中最困難的部分就是取得土地所有權人的同意。六本木 Hills 一開始動工興建，只花了 3 年就完工，然而整合溝通所有的權利關係人的意見，歷時 14 年。

整合之初，輿論也出現了「森集團在六本木圈地」的質疑，甚至在 1986 年時，「Ark Hills」和「圈地」都當選年度流行語，可見社會負面反應的劇烈。「圈地」指利用土地買賣來獲利，雖然森集團希望與居民共同合建，顯然當時社會大眾無法辨別其中的差別。森集團唯一說明理念的辦法，就是逐門逐戶與十幾個街廓的四百多名權利關係人一一溝通。

曾親自參與更新作業 14 年的森集團幹部御廚宏靖提及協調溝通的艱辛過程。一開始，由朝日電視台與森集團兩家公司各自選派 7 人擔任溝通的工作。朝日電視台派出較年長且與當地居民有交情的員工，搭配森集團的年輕員工，兩人一組，每組負責五、六十位權利關係人。溝通能力較好者負責主要幹道地區，對於高齡的住宅區則選派親和力較佳的員工。訪談前先蒐集權利人的資料，務必記住受訪者的相貌與名字，再展開訪談與記錄。

在電視行業有豐富經驗的工作人員放低身段融入當地社區，居民漸漸被他們的熱情感動。透過每月兩次的都更會刊發送，以及利用籌備秋季祭典、放煙火活動的機會與權利關係人進行交流，從互動的過程中認識並說服當地商街組織的意見領袖。

1988 年，東京都廳政府將六本木列為「更新誘導區域」，予以容積獎勵，並以文化都心做為地區更新的主題，在交通道路與地鐵站的規劃設置上給予支持。1990 年，展開更新溝通三年後，終於取得了 80％的居民的同意，組成更新籌備會。根據日本法令，取得土地權利人三分之二同意即可組成更新會進行更新，但實際狀況並非如此。即使同意人數已經超過法律規定，只要還有反對聲音，仍難以獲得政府批准。剩下 20％的反對者，組成了思考會，後來並轉型為反對會。1996 年，雖然反對比率只剩下 10％，大約 30 人，行政部門仍希望將反對人數降至 10 人以下。

前社長森稔曾說，和土地所有權人的交涉要有誠意，充分聽取對方的意見，找出對方的

不安、不滿或者誤解與反感的由來，並站在對方的立場提出解決方案。如果仍被拒絕，則要仔細聽取對方的意見，將意見帶回討論。就是這樣一個不斷重複的過程，「雖然如此，還是有無法獲得對方理解的時候，無論對方是誰，該說的話還是得說，千萬不能退縮，必須真心和對方碰撞。」

更新過程緩慢的另一個原因是，這段期間歷經了泡沫經濟，房地產價格暴漲暴跌，使權利整合與變換的難度大幅增加。最後，權利變換的土地價格只剩下 1991 年試算版本的四分之一，加上更新面積廣大，不同區位下跌率又不相同，非常複雜。為此，森集團分別在 1991、1993、1995、1996 年提出四個版本的權利變換試算書，一一向權利人說明。

前社長森稔在 1996 年更新會成立前，對於權利人提出了權利變換的保證。這個承諾使森集團遭受了 500 億日圓的損失，卻也因此獲得土地權利人的信賴。最後，10 名成員的反對會指名與前社長森稔進行對話。社長雖親自到場說明立場，仍然沒有立即取得對方的認同，但是彼此的對話並沒有中斷。多次的會談與協商繼續進行，終於得到 100% 同意。

改建工程於 2000 年 4 月展開，2003 年 4 月完工，僅僅花了三年的時間就完成了全部工程。

日本的更新會制度

根據日本都市再開發法，更新會成立的條件，必須由更新地區的土地所有權人及承租人（至少 5 人以上）發起更新籌備會，取得土地所有權人及承租人總數三分之二以上同意，才能通過政府的更新事業計畫核定，正式成立更新會。更新會成立即可著手進行更新事業。更新會的成員除了地主和承租人之外，還包括投資的民間業者或協助推動更新取得樓地板的地方政府相關機構。

更新地區如經都市計畫程序核定為高度利用地區，就可以增加容積率。因此更新事業實施之後，總樓地板面積會分為兩種，一是權利面積，原有的地主可以分回；另外為保留面積，也就是容積獎勵多出的樓地板面積，由參與更新的民間業者或相關機關機構分回，以籌措更新建設費用。

更新會制度創造了一個公平、開放、透明的平台，所有會員包括地主、承租戶、投資者、地方政府等，都有一樣的投票權，透過密集的開會溝通協調，達成共識。因此小地主的權益有所保障，能公平地參與都更的決策過程。

六本木之丘開發歷程

1986 年	11 月 六本木六町目地區經東京都廳指定為更新誘導區。
1988 年	成立造街懇談會。
1990 年	成立造街協議會，12 月成立更新籌備會。
1995 年	都市計畫核定。
1998 年	10 月 成立更新會，12 月開始建築設計。
1999 年	5 月 完成建築設計，10 月完成權利變換計畫，辦理公開展覽。
2000 年	2 月 權利變換計畫核定，4 月陸續開工。
2000 年	9 月 六本木 Hills 名稱確定。
2003 年	3 月 更新工程全部完工，4 月開幕啟用。

經過十多年的漫長等待，原來八成的住戶也遷入了新區，甚至還有居民捧著親人的牌位前來領取新房子的鑰匙。

垂直花園城市設計

六本木 Hills 緊鄰地鐵出入口，區位條件極佳。規劃內容包括樓高 54 層的辦公大樓、4 棟住宅大樓，以及君悅酒店、朝日電視台、維珍 TOHO 影城、圖書館、書店，甚至還有一座寺廟。整個地區的公共空間非常豐富，有庭園、廣場，以及特色商店林立的櫸樹坂大道，其中辦公室佔 38％、住宅 17％、商業設施 12％、綠化空間 26％。區內工作與居住人口兩者都各約 2,100 人左右。

六本木 Hills 開幕後，受到各界矚目。完整的人工地盤、寬敞的開放空間，垂直化的高度利用，在世界一流建築師的合作下，六本木的建築規劃與空間配置相當精采，特色包括：

1. 大面積的辦公樓層。森大廈的單一樓層面積有 5,400 平方公尺，佔了整個基地約 1/2 的面積，辦公室就像攝影棚一樣寬敞。森社長認為大面積的辦公空間有利於知性創造，同一家企業無須使用兩個樓層，溝通上較為方便。

2. 頂樓設置美術館。不同於追求利潤的開發案，六本木 Hills 將租金最昂貴的頂樓規劃為森美術館，並特別設置一座塔型出入口及專用高速電梯，可以直達館內，讓文化都心的理念一目了然。這個美術館落實了在生活、工作與休閒中自然接觸世界頂尖藝術的願景，參觀完的遊客還可到瞭望台眺望東京街景及遠處的富士山，同時感受城市景觀與自然之美。開幕後，森美術館一年有 300 萬的參觀人次，與鄰近中城的新國家美術館及三得利美術館，形成所謂的「東京藝術金三角」。

3. 多元的美食購物空間。全區共有五個不同主題區，聚集了 200 家以上的餐廳與商店。不同的空間設計與穿插其中的公共藝術裝置，形成寬敞舒適的購物環境。欅樹坂大道吸引了各大國際名店進駐。

4. 開放的半露天廣場。地面層的戶外廣場是六本木 Hills 人潮最多的空間，廣場緊鄰朝日電視台、君悅飯店和商店街。圓形的舞台與半頂式屋頂，搭配完善的燈光與音響設施，可以舉辦現場演唱會、文化活動。廣場的露天咖啡座與音樂噴泉，假日總是吸引大批人潮。

5. 優質的住宅大樓。4 棟住宅大樓由英國知名的康藍爵士（Terence Conran）旗下公司所設計。大樓位於基地的幽靜地區，與商業購物區有所區隔。

6. 朝日電視台。由日本知名建築師楨文彥設計，外觀具有現代主義式的簡潔透明感。一樓大廳展示著知名的卡通人物與明星，廣受觀光客歡迎。

7. 符合日本人感性的庭園景觀設計。位於森大廈東側的毛利庭園，保存了歷史豪宅遺跡的水池綠地，種植了不同品種的櫻花。欅木坂大廈的屋頂花園設置菜園及稻田，每年都邀請當地的孩子和外國朋友一起體驗插秧與收割的樂趣。

8. 交通與公共建設。本案促成了環狀 3 號線快速道路與六本木大街的平面銜接，改善該地區的聯外交通。基地內步行空間四通八達，極為方便。為了讓人行更為順暢，在日比谷線六本木站與六本木 Hills 基地間興建了一氣呵成的地下通道，電扶梯可由地下 2 層直達地上 2 層。

地面層半露天廣場。

9. 綠化和防災的整合。六本木 Hills 的綠化面積共有 1 萬 9 千平方公尺，種植了 6 萬 8 千棵樹。人工地盤規劃出空中花園，利用土壤、植栽、水池的重量降低建築體的擺動，減少地震的橫向衝擊。規劃了可提供 10 萬人使用的防災物資儲存設施及緊急水井，讓傳統上遇到地震需要逃離的大樓，搖身一變成為周邊民眾的防災避難所。

長達半世紀的在地深耕

在日本，森集團的城市論點並未全然被接受，批評的聲音包括地價昂貴、消費藝術、助長消費主義等。但六本木 Hills 在歐美各國卻深受好評，因此，森集團的發展腳步也拓展至其他亞洲城市，包括大連與上海。2008 年落成的上海環球經貿大樓即為森集團跨足國際的代表作。

森大廈東側的毛利庭園保存了歷史豪宅遺跡的水池綠地，種植不同品種的櫻花。這是一個符合日本人感性的庭園景觀設計。

森集團表示，任何新產品在剛出現時都是昂貴的。如果被市場接受認同，普及生產，價錢就會下降。森集團的歷史使命在於不斷地向不可能挑戰，開發尖端的創新產品。而且越是處於經濟低迷的時期，越能以長遠的眼光為日後打下基礎。景氣循環自有週期，當世界經濟復甦時，人力、資源、財富、知識、訊息會再次聚集到具備開放的價值觀的城市。「我們提出建設更美好的街區與城市的願景，並逐步落實，以此貢獻我們的社會。這正是森集團存在的意義。」

財團法人都市更新研究發展基金會顧問何芳子指出，六本木 Hills 成功的關鍵，除了森集團在赤坂、六本木長達半世紀的在地深耕，具備整合規劃的經驗與永續經營的 know-how 之外，中央與地方政府的態度也影響至鉅。一棟建築不僅止是私人產業，也牽動城市的

整體景觀與機能，因此在日本，區公所獲知轄區內民眾有意進行大樓改建時，就會主動前往了解與督導。六本木 Hills 更新案也是因為區公所居中協調，將朝日電視台的大樓改建案誘導為六本木地區的街區更新，才有今日的成果。六本木更新會的籌備期間，共開了超過一千次的會議，區公所代表全程參與其中。

傳統都市更新通常只以提升居住環境品質、解決防災設施不足為目標。何芳子表示，雖然六本木 Hills 的開發時間漫長，在日本也評價不一，但是透過政府、民間企業與在地居民共同合作，成功實現了垂直花園城市的願景。六本木 Hills 在細膩的參與過程中，尊重小地主、落實永續發展的價值與創造城市魅力這幾個面向，都有許多值得台灣學習與借鏡之處。（**文‧駱亭伶**）

DNA /6

創意經濟

在經濟全球化的潮流下，主要城市的中心商業區被視為是區域經濟發展的引擎。市中心需要建設成為吸引企業及相關高階服務業進駐的環境。因此，政府的都市再造已不僅是硬體的建設，而是城市總體發展與振興經濟的策略性思考的一環。為了吸引創意人才的進駐、創造創意氛圍、形成創意聚落，指導舊城更新的基本理念逐漸轉變為目標多元、內容豐富、更具人文關懷的都市再生理論。城市作為地區的經濟引擎、最核心的課題是如何將一個以生產製造為目的的城市、轉型為以知識經濟、服務經濟、美學經濟及體驗經濟為目標的城市。目標的達成有賴軟硬體的配套與整合，並且重視公私部門之間的合作夥伴關係。

柏林 Betahaus 建立了 co-working 的空間共享模式，將閒置公寓變成創業基地。類似案例在柏林形成了「Betahaus 現象」，成為柏林創意經濟成功的一環。柏林市政府用 Project Future 專案，輔導年輕文創工作者形成群聚與產業鏈。十年的持續努力，已經成功利用創意產業帶動城市再生轉型。巴塞隆納的 22@Barcelona 專案透過極彈性的土地使用與整合性的產業政策，將一個舊工業區轉型為最尖端的資通訊研發基地。透過有步驟的產業升級策略，結合韓國的文創政策與首爾的空間再造，首爾東大門成為韓國流行服飾業的創意群聚街區，也使韓國服飾在亞洲市場大為流行。

betahaus | CAFE

INTERNET

betahaus09!

REZEPTION
Daily From
8 to 20

TOURS

tuesday @ 17:00 & thursday @ 11:30
sign up: kontakt@betahaus.de
meet in the cafe!

Café Crema — Espresso
Cappuccino — Doppio
Café Latte — Macchiato
Latte Macchiato — Heiße Schokolade
Chai Latte — Tee

Heiße Milch mit Honig

+ EXTRA SIRUP   + EXTRA SHOT ?
~ Caramel   ~0,50~
~ Vanille
~ Haselnuss

Betahaus

閒置公寓變身創業基地

一棟廢棄的公寓，在 Betahaus 團隊經營之下，摸索出 co-
working 的空間共享模式，成為人才與創意匯集的創業基地，
大受柏林的年輕人及創意工作者歡迎。這個模式廣被複製，在
世界各大城市蔚為風潮。

一棟舊公寓能否成就許多創業者的夢想？一個社區的重生，能否啟動一波改變社會的浪潮？6個人的團隊，能否成為政府學習的對象？以上的答案都是肯定的，同時也是Betahaus的故事情節。

成立於2009年4月的Betahaus，取電腦用語Beta（測試版）加上德文Haus（房子）為名，意思就是「測試之屋」。「真的就是如此，未來會如何演變我們也無法預料，」Betahaus創辦人之一法勒（Christoph Fahle）笑著說。

走進現在的Betahaus，不同髮色、打扮入時、操著各種語言的年輕人，在公寓裡來來去去，各國媒體輪番採訪，很難想像這裡過去不過是一棟被城市遺忘的廢棄公寓。更難想像的是，這場來自6個年輕人的創意有如止不住的漣漪，一路影響到柏林政府高層，甚至全歐洲。

Betahaus的創始團隊，由6位年輕人組成。

Betahaus 平凡而親切的入口。

在落後的街區進行最先進的實驗

Betahaus 位於柏林東南方名為「Kreuzberg」的土耳其區。過去這裡以貧窮落後聞名，如今卻已脫胎換骨，截然不同。

Betahaus 是柏林最早的 co-working space，不論你是誰，來自何方，都能在這裡租一張桌子工作。自由工作者或者小型團隊，只要帶著筆電和自己的商業模式，就可在這裡成立公司，將地址設定在此。這裡的座位可以小時為單位租用或者長期出租，大樓裡從會議室、廚房、信箱、影印機，甚至是開模機器都一應俱全。若想創業，Betahaus 連人都幫你準備好了。電梯入口的一個牆面上，掛了一塊「Friends」的牌子，上面登錄了當天座位上自由工作者的自我介紹，包括姓名、專長、興趣、年紀等。軟體工程師、美術設計、廚師、會計，各種背景都可能出現，還有人索性就貼上了履歷表。

Betahaus 內就像一個社交網站，公布了徵才、器材出借、外包工作機會等各種資訊，無所不包。這裡多的是各路高手，透過互相外包或者技術交換的方式，讓一個點子變成產品的創業過程在 Betahaus 常常發生。

為了與 Betahaus 這些人才接軌，國際企業如福斯、MTV 音樂頻道、Bosch 等，都來此尋找外包團隊或者接受提案。這棟原來毫不起眼的閒置公寓，如今成為柏林城市創新能量的來源。有如「另類都更」的 Betahaus 空間共享模式，大受柏林創意工作者歡迎。如今，在柏林較具規模的 co-working space 已有近四十個，甚至依產業類別而產生不同的群聚。此一成功模式已傳至其他城市，從柏林到斯圖加特、從慕尼黑和科隆，德國各地都出現類似的空間。

三大招數，讓 Betahaus 變成創業基地

1. open design city 。Betahaus 內擺設由德國工具大廠 Bosch 贊助的各種工具機。設計師不用出門到工廠，透過工具機的切割、組裝，就能把一張設計圖化為產品模型。設計師便能帶著作品原型去向各方推銷展示。

2. 創業家「行事曆」。每週一次舉辦早餐會分享創業經驗，每兩週一次舉辦稅務諮詢，大樓內的成員都可以自由參加。在這些時段成員自由交流，聊聊彼此的進展，認識新進的朋友。Betahaus 的每一個成員都可能成為創業夥伴，外國人來到這裡也可輕易建立在地專業人脈。

3. 媒合投資者。不定期邀請創投業者、育成專家與 Betahaus 內的自由工作者見面，進行指導，也開啟了投資的可能性。

Betahaus 提供的開放式工作空間，方便成員互動。

你可能好奇，所謂自由工作者是一群待業者？還是有一餐沒一餐的打工仔？根據德國經濟研究院的調查，大多數在 co-working space 工作的自雇工作者平均收入與上一份工作相當，部分工作者的收入高過之前受雇時的待遇。過去二十年，德國選擇自由工作者的平均學歷與國際化程度不斷上升。就人數而言，自由工作或自雇者在過去二十年增加了40%。

也就是說，這群人在國際城市間移動的知識經濟工作者，絕非烏合之眾，與我們熟悉的傳統產業模式如製造業、金融業的專業者大不相同。網路的成熟、全球化的環境、科技的進步，種種因素相加，誕生了一群擁有新生活型態的國際人才與自由工作者。有了網路，在任何一個國家都能經營自己的品牌。沒有大型業務團隊、沒有實體店面，透過電子商務平台，他們也能將自己的產品行銷至世界各地。長駐柏林的作家陳思宏在《叛逆柏林》一書中稱他們為「數位遊牧民族」。

Betahaus 正是服務「數位遊牧民族」的平台。這類新型態的服務平台非常成功地將來自各國的人才引進柏林，讓 Betahaus 這類 co-working space 一位難求。

低廉的生活成本、豐富的城市文化是柏林勝出的關鍵

德國經濟研究中心研究員梅克爾（Janet Merkel）指出，「柏林的房租就比漢堡便宜了一半。」這一波因應全球化、新型態經濟趨勢下的人才移動，柏林能夠勝出的關鍵，就是便宜的生活成本和充滿多元文化養分的都市空間。但若要持續吸引高品質的創意人才，就必須有精準的都市更新政策。

東西德合併之後，柏林市政府以「歐洲首都」為目標，釋出了大量的土地與建築容積。開發商進行大規模的房地產投資，足足蓋了相當於 17 棟臺北 101 大樓的商辦空間。最後因為經濟發展不如預期，房地產市場泡沫化，但也形成了房租下降的條件。

一群被稱為創意階級的人才，工作內容以高階服務、創意與軟體為主，不像製造業需要大量水電、土地與人力，他們只要帶著一台筆電就能完成大部分的「生產」程序，因此遷移的門檻極低。「所以，房租越便宜的地方越有吸引力，」梅克爾說。在柏林，能見到大量來自北歐、倫敦與美國的創業者，在 Betahaus，一層樓就可遇到四個國籍以上的自由工作者。

一般歐洲城市住商分離的規劃讓市區活動的多元性消失，居民大量移往郊區。梅克爾指出，創意階級不喜歡在城市與郊區間通勤往返，住在市區是他們的最愛。柏林市府的都市政策鼓勵市中心的商業活動，鬆綁了許多市區土地的使用限制。在戰後，市區處處都是閒置空間，這些空間的活用進一步創造了國際人才在市中心落腳的機會，至今柏林已湧入一百二十國以上的國際人士在此定居，形成自由的創意氛圍，創造出柏林特有的城市魅力。多元、開放的城市文化與豐富的都市紋理，加上廉價的租金，成為柏林吸引人才的最大利器。「讓城市成為最適合人才落腳生根的地方，正是全球城市競爭的重點！」臺北市都市更新處副總工程司徐燕興點出城市魅力在城市競爭中的關鍵性角色。

Betahaus 利用市區內的閒置空間，以空間分享的模式降低租金，創造出非常低的進入門檻，進一步規劃出各種協助創業的相關活動。這種自由互助的氛圍吸引了年輕的國際創業者進駐，而這種多元化與國際化又形成創意的土壤。其實，Betahaus 正是柏林這個城市的縮影，或者可以說，Betahaus 充分運用了柏林這個城市提供的養分。

Betahaus 的營運模式已經被複製衍生出各種生動活潑的形式，在柏林市區出現。鄰近的莫里茲廣場（Moritzplatz），可以看到其他不同經營型態、不同市場區隔的共享空間。這裡已成為柏林最亮眼的創意聚落。

Betahaus 概念影響柏林的都市再生策略

積極企圖從破產邊緣轉型的柏林，在發掘了 Betahaus 的意義之後，將這個概念轉化為都市再生的策略。「柏林市政府看到這些成功的案例，了解柏林這個城市的發展契機，這種源自民間的新經濟力量雖然展現極大的活力，但是要規模化形成產業還是需要政府的協助。」紐約大學、柏林科技大學教授，同時也是柏林創意城市策略顧問克蘭達迪斯（Ares Kalandides）如此分析。

以莫里茲廣場周圍的 Aufbau Haus 為例，這棟建築屬於柏林市政府旗下房產管理公司的財產。在都市更新的過程中，市政府設下了限制：新的產權擁有者必須保留一定比例的空間，以較低價格提供新創事業使用。這一個政策的轉變，有利於新創事業的起步與類似 Betahaus 這種企業型態的規模擴大。

柏林的都市更新由「柏林建築基金」支持，基金會掌管了國有房地產的開發。過去在競標過程當中，市府的審議團隊皆以高價者優先，希望能以國有財產換取獲利以補充基金。當柏林市政府決心往創意城市目標前進之後，政策也有了轉變。以 Markthalle Neun 更新

Betahaus 現象促成柏林政府的全力培育創意經濟

德國的產業外移，讓柏林失去了大型製造業的經濟基礎，新形態的經濟活動，如設計、App、網路創業等出現，讓柏林市政府看到轉型的契機。但新興產業不如傳統製造業，不需要政府提供大量土地、水電優惠甚至是租口關稅的減免，政府能夠扮演什麼角色呢？集聚創意產業各方人馬的 Betahaus 成了柏林政府尋找答案之處。於是，滿頭白髮、超過六十歲的經濟部門長官，也成了 Betahaus 的常客，一一拜訪各個團隊，從傾聽開始，出版產業現況報告，具體化的了解產業的需求和政府可著力之處，打造政策扶植各種新興的創意產業。

案為例，原本得標的是出最高價的開發商。但地方民眾與在地的藝術家、創意人才合作，也提出了不同版本的開發計畫。因為能夠反應社區需求，促進文化創意產業發展，這個提案破天荒地打敗了地產開發商。同時，市府審議開發案的委員會中，也因而增加了兩位與創意產業有關的專家，以提供扶植創意產業的意見，並與空間規劃緊密結合。這個政策的轉變也有利於 Betahaus 概念的擴散。

Betahaus 是一個仍在發展的故事，這個案例對政策的影響持續發酵，一路蔓延至學界。柏林三所世界名校首度共同出資成立學生用的 co-working space，希望不同領域的學生能因此激發更多創意，也希望藉這個空間吸引更多創意人才。

發生在一棟公寓的創意，可以是一個城市再生的開始。看見 Betahaus 在德國掀起的浪潮，證明了都市更新可以有許多我們意想不到的面貌。跳脫房地產增值的單一思考，便能出現無窮的可能！（文・劉致昕）

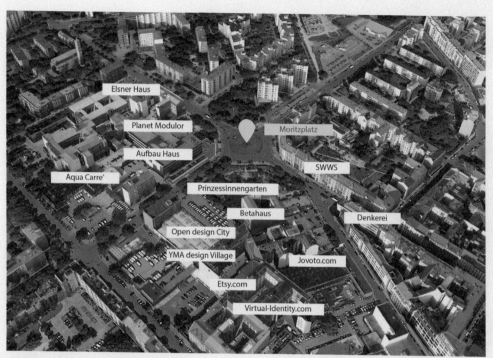

莫里茲廣場周邊形形色色的創意聚落

- **■ Elsner Haus** 音樂、工作室、樂器
- **■ Planet Modulor** 材料、工藝、工作室、創意企業
- **■ Aufbau Haus** 出版、戲院、畫廊、俱樂部
- **■ SWWS** 永續產品、設計
- **■ Aqua Carre'** 畫室、工作室、創意企業
- **■ Prinzessinnengarten** 城市花園、社會整合
- **■ Denkerei** 活動規劃
- **■ Betahaus** 合作型工作空間、線上商業
- **■ Open design City** 工作室、產品原型製造
- **■ YMA design Village** 工作室、工藝、創意企業
- **■ Jovoto.com** 線上商業
- **■ Etsy.com** 網路 DIY 平台、工作室
- **■ Virtual-Identity.com** 線上品牌經營管理

Project Future

用文創產業帶動城市再生

柏林用了十年的時間,從一個產業中空、瀕臨破產的城市轉型為歐洲的創意與設計中心,創意產業已成為這個城市的核心競爭力。這個轉型的引擎—Project Future 專案,幫助年輕的文創工作者形成群聚與產業鏈。小預算、大效益,負責專案的十幾個市府鬥士加上柏林產業網絡的領導者擔任軍師,讓柏林成功轉型,締造都市治理的新傳奇。

當臺灣各地文創熱發燒、縣市還在忙著向中央政府爭取預算設立目標模糊不清的「創意園區」時，柏林已經將創意產業定為整座城市轉型的目標，並且將整個城市打造為創意產業的育成中心（incubator）。

做為歐洲第一大經濟體的首都，柏林因為戰爭而失去了工業及金融業。一度曾經瀕臨破產，背負相當於摩洛哥一年 GDP 的債務，這個城市今天終於靠創意產業脫離困境，獲得重生。要能稱為產業，必定在總體經濟上有所表現：2012 年的調查，柏林創意產業的工作人口達 22 萬 3 千人，分屬於 29,000 家公司，創造的年產值高達 230 億歐元。

這股力道從 2000 年開始浮現，接著 10 年，柏林的公司數量成長了 43%，新創了 8,700 家公司。這些數字還不包括大多屬於創意產業的自由工作者。這群人屬於不受僱、自由接案的高階專業人才，人數在同一時間內也增加了 40%。柏林自由工作者的密度居全國之冠，成為帶動柏林創意產業發展的主要力量。

從 2000 年開始，創意產業首度成為柏林城市發展的主要策略。2006 年，柏林被聯合國選為「設計之都」，2011 年之後隨著 App 經濟及網路環境成熟，柏林被各國媒體稱為「歐洲新矽谷」。歷經十餘年，這個城市終於轉型成功。

1997 年成立的 Project Future，這個柏林市政府用來扶植創意產業為任務的專案，正是柏林轉型成功背後最主要的推手。

成立 Project Future 專案，扶植創意產業

成立於 1997 年，Project Future 由柏林市政府的經濟、科技和婦女部門主導成立，最初只是由經濟、科技及產業發展部派出人員組成的任務性編組，有可能隨政黨輪替而消失。想不到，成立十餘年的 Project Future，經歷了四次的內閣重組，影響力卻越來越大，帶領柏林市府三大部門成功打造「創意城市」，甚至透過國際網絡影響了至少三十個城市，成為歐盟推薦的發展典範。

十年前，柏林是德國最窮、失業率最高的城市。一個在市府內無長期預算、依賴各部門及歐盟補助的任務編組，如何協助創意產業在柏林生根茁壯，讓柏林成功轉型？欲了解 Project Future 成功的策略，必須先認知創意產業在城市中發展的四個面向。任教於紐約大學、柏林科技大學，一路觀察柏林創意城市策略的市府顧問克蘭達迪斯教授（Ares Kalandides）點出了發展創意產業必須關照的四個面向：

1. 文化面。包括了德國的傳統文化、藝術的扶植。這是創意產業的基礎。

2. 城市的品牌打造。創意產業在一座城市生根後所能注入的能量與製造業不同，文化創意的傳播性具備了穿透至全市的能量，為城市帶來觀光及其他相關產業的發展，並逐步形成城市的品牌。

3. 經濟面。這是發展創意產業最大的動機，也是最難跨越的障礙。首先，是定義上的困難。克蘭達迪斯舉例，一件家具、一台筆電的生產鏈中，要如何定義設計、創意所佔的價值比重？計算創意價值的方法至今未有定論，就連學界也眾說紛紜。我們用來計算經濟活動的 GDP 無法套用在創意經濟上。「一座博物館的 GDP 貢獻該如何與博物館附設的商店比較？」克蘭達迪斯問，「沒有了博物館，商店還有價值嗎？」從 GDP 的角度，商店可能遠比博物館值得經營。另一方面，創意產業中，特別是自由工作者，有許多「地下經濟」，包括技能交換、產品交換、無雇用的合作等，都不是在 GDP 統計中能顯示的。克蘭達迪斯指出，「一座城市要發展創意產業，通常很難用數字向政治決策者交代！」

4. 吸引創意人才的城市空間。「創意城市已經成為仕紳化的同義詞，」專研柏林都市發展的洪堡大學社會科學研究中心研究員洪姆（Andrej Holm）下了這個結論。在許多都市更新的開發案中，開發商或在地政府常會打出口號，吸引創意人才進駐。當藝廊、書店、小型新創事業進駐後，咖啡店跟著到來，社區的生活品質上升，房價房租就跟著攀高。高房價成為扼殺創意人才的兇手。

各種難題，柏林過去十幾年的發展過程中都遇上了，他們是如何解決的呢？

由於 Project Future 的支持，促成柏林許多 co-working space 的蓬勃發展。

橫向溝通與向上行銷

「在經濟上，我們沒有選擇，有著一定要轉型的強烈意志，」柏林市政府經濟、科技和婦女局專員穆瀚（Tanja Mühlhans）說。柏林的經濟動能經過柏林圍牆幾十年的包圍後幾乎停滯。圍牆倒後，六成以上的工作機會隨著列強補助中止、製造業外移而消失，柏林幾乎沒有產業可言。

曾與倫敦、巴黎同列為世界三大首都的柏林，其歷史文化、高等教育、音樂藝術素養和人才水準都屬歐洲前段班，加上柏林在戰後高度的國際化，創意人才很早就群聚於這座城市，但並未形成產業。Project Future 就是以扶植創意產業為任務的專案。為了突破前述種種困境，一場市政府內部的革命悄悄展開。

首先，要做內部溝通。光是定義創意產業就花了幾年的時間。市政府人員進入業界觀察訪談，檢討哪些產業適合納入創意產業的範疇，接著依這些產業的產業鏈及市場概況進行統計，才有了創意產業的就業人口、產值、公司數等基礎資料。穆瀚說服了經濟、文化、城市發展部門加入，共同進行產業的研究調查。四個部門一同工作，才有了 2005 年的第一份報告。這個過程，其實是一個內部橫向溝通的過程。

柏林市政府支持 Project Future 創意行政組織架構

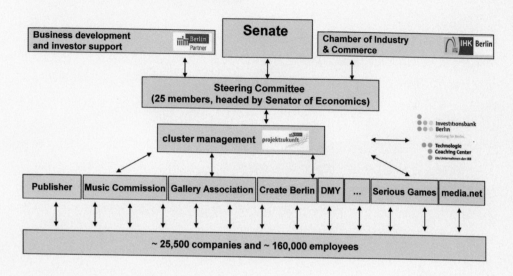

其次，向上行銷。有了這份報告，跨部門的溝通也有了初步成果，「但要讓這個工作得以持續，最重要的是要說服政治人物，」穆瀚說，「結果他們真的很愛那些資料，同意 Project Future 提出的診斷與策略。」帶著報告，Project Future 的核心成員四處與人溝通產業現況、經濟價值，希望能讓整個市政府都認知，創意產業就是這座城市久等的機會！

這樣的做法，等於是挑戰了整個市政府的習性。過去，一個政策的產生來自於黨的意志，由政治人物提出後，再由政府部門施行。Project Future 幾乎逆轉了整個流程，深入了解產業動態之後，穆瀚帶著一份報告展開積極遊說。穆瀚回憶，Project Future 的成員不斷提出促進產業活絡的方案、宣傳成功的案例與產業的利多消息，增加媒體的曝光度。他們隨時主動要求與部長見面，並帶著報告說服其他部門齊力解決共同的問題。

持續地橫向溝通與向上行銷，Project Future 終於在市政府內部獲得肯定，於是一系列跨部門的政策才得以一一出爐。然而，還有另一個問題，城市空間與創意產業間的關係仍有待處理。

留更多的都市空間給創意產業

柏林市內有來自世界 195 個國家、總人數達 50 萬的外國人，市民當中有 27％是移民。全球人才聚集加上文化的多元豐富，絕對是柏林的重要優勢。然而，吸引人才的競爭力奠基在便宜的房租之上。若是仕紳化情形在柏林惡化，人才優勢不再，創意產業也將只是曇花一現。

除了自 2012 年底實施的房租控制、停止核發高級住宅建照等抑制房價的手段外，「柏林市政府在德國境內開了先例，准許短期的地目變更，」柏林的市府顧問克蘭達迪斯說。從一棟大樓到一個社區的更新再造，往往遇到地目變更上的障礙，在德國，地目變更不是簡單的事，為此，柏林決定開放短期使用的地目變更申請，讓擁有短期計畫的創意產業，能夠進駐老舊閒置的工廠與住宅，創立事業。

另一個更重要的政策支持發生在 2009 年的金融海嘯之後。「市民要求要留更多的空間給新創事業，」德國經濟研究中心研究員梅克爾（Janet Merkel）說。所謂的市民，其實就是 Project Future 所協助建立的民間團體。由於財政困難，當時的柏林市政府選擇出售手

「創意城市」與「創意階級」

「創意城市」一九八〇年代由英國學者蘭德利（Charles Landry）提出的概念。他認為，透過制度的改革及創新的規劃方式，可將城市改變為開放、包容的學習型組織。城市應營造支持創新的環境和氛圍，透過創新的都市治理，鼓勵公私部門提出創新的發展方案來解決都市發展的問題，提升城市的國際競爭力。如今，這個概念已經成為全球風潮。

「創意階級」（creative class）則是佛羅里達（Richard Florida）所提出，指的是科學、工程、建築、設計、教育、藝術、音樂與娛樂核心領域精英，也包括商業、金融、法律、醫療等領域的「創意專業人士」（creative professionals），有別於「勞工階級」（working class）與「服務階級」（service class），創意階級生產新想法、新技術或是新的內容。

這個新興階級以極大的影響力成為經濟與社會發展的幕後推手，並躍居社會主流。創意階級不只在有工作的地方聚集，而且會聚集在創意中心或是他們喜歡生活的地方。如何營造環境吸引創意專業工作者，以激發創新能力、創造經濟發展？佛羅里達提出「創意經濟發展的三T」，包括科技（technology）、人材（talent）與包容（tolerance），三大關鍵因素，彼此互相關聯，缺一不可。

中的國有財產以換取更多資金，導致高獲利的開發方式獲得優勢，排擠了其他的城市活動。新型、小型的創意產業在柏林幾乎沒有立足之地。

民間團體提出的要求包括國有財產最多只能出售地上權五十年、保留社會住宅、競標標準從價格轉向提案的內容等等。這些要求終於被逐一納入政策，形成了對創意產業較為友善的都市環境。從經濟指標的樹立到城市規劃的轉型，Project Future 帶動了市政府的轉變，換了腦袋也留下了創意工作者負擔得起的城市空間，但要繼續發展創意產業、在各城市中保持領先，這些改變還遠遠不夠。

產業網絡成為政策智囊

「政府要扶植創意產業，最難的是怎麼跟上它的發展速度，」專研柏林創意產業政策的梅克爾說。創意產業走在時代的尖端，不像硬體製造以季為單位，創意產業變化極為快速，因此，相關政策必須更靈活、政策生命週期更短。「我們幾乎每週都在重新檢討，每週都有新的問題要解決，」穆瀚說。

為了跟上創意產業的快速變動，柏林市政府推出的相關大小政策，短則兩三個月，最長不過兩年就面臨修正，政府必須保持最大的彈性。但在民主體制中，決策往往曠日費時，而且創意產業的業別又分成設計、出版、通訊等十類，既多又廣，政府的決策如何能確保正確和有效？

答案，就是讓產業網絡成為政策智囊團。Project Future 在 2005 年之前，將心力放在與產業對話，了解產業結構。在有限的預算下，沒有推出大型的計畫，但有一項被視為最重要的工作卻從沒停過，就是建立產業網絡。從學校開始，藝術大學和科技大學的學生就擁有了跨校的創業平台，緊接著是各產業別，時尚、電影、設計、出版，甚至柏林兩、三百家的夜店，都有自己的產業網絡。

「這些網絡的經營者，隨時都可以直接聯絡我，」穆瀚說，在二十餘萬的從業人口、29,000 家公司中，這些網絡幫助政府不與產業脫節，「他們常常來，每次都帶著新問題出現！」穆瀚笑着說。

Project Future 所促成的流行服飾產業網絡，發揮極大的功能。每年舉辦的
柏林時裝週，提供柏林年輕設計師 在國際舞台曝光的機會。

但類似工會或協進會等組織在台灣也不少見，柏林的產業網絡有何不同？在柏林，網絡不只是被動的訊息傳播或政策傳達，而是主動出擊，經常舉辦與官員的圓桌會議、參與市政府創意產業委員會，籌辦柏林影展、時裝週、數位週或音樂節等。市府等於搭了舞台，交給業者表演，讓柏林市內累積的創意能量，能被全球看見。

柏林時裝週（Fashion Week）就是柏林的流行服飾產業網絡企劃舉辦的。不只是國際品牌得以展示，年輕設計師也都能得到曝光的機會。每年的時裝週為柏林帶來二十萬名買家以及十大服飾專業平台。時裝週有如服飾界的博覽會，加上 120 場服裝秀，一個時裝週創造了 1 億歐元的經濟產值，以及 1,500 萬歐元的媒體曝光效益。對所有品牌業者或設計師來說，這是最好的政策補助，效益大過直接的資金補助。

扶植產業網絡的工作沒有停過，Project Future 不斷回應業者的需求，推出新的政策。Project Future 找來創投業者、產業育成業者等，組成輔導團體，每年輔導五、六十家企業，或者帶領業者跨足海外，進攻國際市場。2012 年就辦了五十場聯合海外商展。在國

內還幫忙跨界合作，例如遊戲開發商和醫療產業合作，產生了新型態的醫療科技。最後，Project Future 也舉辦各類競賽，吸引國際參賽者為業界製造刺激，得獎者又有國際媒體曝光的機會。

柏林的產業網絡展現出很高的專業性與積極性，甚至常常為政府下指導棋。如城市規劃、國有財產的政策，若不是透過產業網絡向政府施加壓力，政府不但可能忽略了手中的籌碼，錯失創意城市轉型的機會，也不可能獲得國際設計之都的殊榮。

我們這個部門都是 fighters

「柏林市政府相當聰明地扮演好了自己的角色，」克蘭達迪斯比較柏林與其他國家的政策，發現柏林市政府的資源相對非常少，但是透過與產業網絡的合作，小小的預算卻能發揮極大的槓桿效應，「政府的政策對扶植創意產業通常有其侷限性，但柏林市政府的策略讓其他城市看到了新的可能。」因此，歐盟共投入了兩次各 3 千萬歐元的資金補助 Project Future，希望將其經驗移轉至其他脫離工業化的城市。

Project Future 其實只是一個十餘人的專案，大多數預算還必須自己創造。「我常常帶著報告和業者的聲音去找其他部門，告訴他們做什麼可以解決問題，說服他們也投入預算！」穆瀚說，「我們這個專案的成員都是鬥士（fighters）！」為了要隨著業者創新、改變，Project Future 讓十幾個產業網絡成為他們的智囊團，為專案撐腰，進而向上帶領政府內部的革新。

小預算、大效益，Project Future 的十幾個鬥士和各個產業網絡的經營者同心協力，讓柏林成功轉型為創意之都，成為都市治理的新傳奇。

屬於各個產業網絡的二十餘萬個會員與 Project Future 緊密合作，這個特別的由下而上的合作關係，正是 Project Future 成功的關鍵。臺灣的各級政府打著發展文化創意產業的名號，積極爭取編列巨額預算，劃設園區，但若沒能認識到 Project Future 之所以成功的關鍵，難免最後落得一場空。（**文・劉致昕**）

Project Future────用文創產業帶動城市再生

22 Barcelona

4,000 new social dwellings
145,000 m² for new public facilities
114,000 m² for new green areas
1,502 firms already established
44,600 new active workers

22@Barcelona

都市再生的創意實驗室

面對發展停滯，市府官員往往挑選收入最多、速度最快、執行方法最簡單的開發方式——出賣大面積土地或容積，鼓勵房地產開發。巴塞隆納的市政府做了不一樣的選擇。22@Barcelona 將大面積的舊工業區引導開發為一個利用新科技與創意，帶動都市轉型的實驗場地。如今，衰敗的工業區已搖身一變成為巴塞隆納近十年經濟發展的金雞母，更是城市治理策略的新典範。

1992 年奧運落幕那一刻，巴塞隆納才剛從成功的光環中退出，立即面對龐大的負債。17 年過去，就在 2009 年全球陷入金融危機泥沼之際，巴塞隆納早已還完了所有負債，是西班牙財政狀況最佳的城市。

再起的關鍵，不是與某國簽訂了貿易協定、不是發現了新油田，更不是靠著大企業進駐，而是做對了一項都市更新決策——22@Barcelona。這塊已有百年歷史，等於 7 座中正紀念堂大小的廢棄紡織加工區，位在都市核心地段。巴塞隆納不選擇出售土地以挹注市庫，而是投入 10 年時間，一手將她養成金雞母，同時帶動城市的產業轉型。「我們已經著手在西班牙其他城市複製這個模式了！」 前 22@Barcelona 執行長、現任市政府經濟發展局局長皮伽（Josep Miquel Piqué）說，因為其耀眼的成績，22@Barcelona 已成為國際矚目的都更案例。

五十人左右的專責開發公司投入十餘年的經營，2002 至 2016 年間，2 億歐元的公部門投入就帶入 54 億歐元的企業投資。22@Barcelona 專案啟動至今，區域內新建物林立於舊街區之間，創造出一種特殊的高科技工業城市景觀。區內約有 1,500 家公司，其中四成是新創事業，創造出 4 萬 5 千個職缺。同時，傳統工業轉型成高科技產業與相關服務業，若計算創造出的產品、服務銷售、工作薪資及繳給政府的稅，每年竟創造出 70 億歐元的產值，是公部門投入資金的 35 倍，相當於 2 千百 6 百多億新台幣！

22@Barcelona 位於巴塞隆納市的 Poblenou 區，距離巴塞隆納市中心不到 10 分鐘的地鐵車程。Poblenou 區原是巴塞隆納最大的工業區，百年來一直是加泰隆尼亞沿海地區經濟活動的要角，被喻為「西班牙的曼徹斯特」。隨著主要產業紡織業外移之後，這個工業區失去活力，公司、資金撤離，人才隨著工作機會離開了巴塞隆納。經濟動力消失、都市活動力驟減之後一連串的社會問題隨之衍生。

面對全球化下的產業轉移，這兩百多公頃的工業城區，有如被浪潮沖刷出的一塊荒地，就在巴塞隆納市區每天提醒着這座城市過去的輝煌與現在的荒涼。

Poblenou 區原本是巴塞隆納最大的工業區，百年來一直是加泰隆尼亞沿海地區經濟活動的要角，被喻為「西班牙曼徹斯特」。區內佈滿廠房與煙囪。

沒有園區的園區

當時，巴塞隆納市政府陷入債務危機，任職於 @ Activities、負責 22@Barcelona 國際招商的馬佑（Xavier Mayo）說，「當時有很多人提議，乾脆把這些土地拿來做房產開發吧，快又可以賺錢。」15 年來，對這塊沒落街區的處理方式在市府內爭執不休，最後的結論卻是令人出乎意料。

巴塞隆納市政府結合產官學的發展能量，提出一個利用產業發展與都市更新結合的策略，同時進行產業轉型與都市再生。「22@Barcelona 是解決市民的需求、都市更新與產業轉型發展的聯立方程式，」經濟發展局局長皮伽解釋 22@Barcelona 的基本概念。當中有許多原創的具體做法值得我們學習與參考：

1 「沒有園區的園區」概念。在舊城區中沒有大規模拆遷，透過建物更新與容積獎勵創造出新的樓地板面積。
2. 利用容積獎勵與其他產業輔導政策，吸引資訊、通信產業進駐，帶動產業轉型與升級。
3. 結合產官學積極獎勵創新，並將此一園區做為創新的城市基礎設施，以及各種原創產品的育成與實驗場。
4. 市政府積極的行政創新與跨部門整合，已支持 22@ 創新模式的運作。

22@Barcelona 的計畫名稱源於 Poblenou 的分區代號 22a。「22@」透露出這個專案以扶持高科技、網路產業為主題,計畫範圍佔地約 200 公頃。在這個更新計畫中,巴塞隆納市政府的角色在於願景的提出,核心產業的精確定位,推動平台的建制,以及政策工具的運用。市政府積極介入初期六個示範性區域的都市更新,然後鼓勵民間企業主動發起、提出園區範圍內的單筆更新計畫。

在這樣一個沒有清出空地、滿是舊工廠的街區,巴塞隆納市政府如何利用舊有的空間,引進大量的產業活動而仍能保留原有的都市紋理?

要建設一個科技園區,最簡單的方式無非是找一塊完整而尚未開發的土地,或是剷平舊有的建築、清空土地,進行必要的硬體建設。22@Barcelona 這個更新案提出的策略顛覆了以往的思考模式,延續歐盟強調永續發展與再利用的核心價值,巴塞隆納市政府提出「沒有園區的園區」這個創新想法。都市更新在巴塞隆納的典型街廓內進行,保留既有街區紋理及部分舊工業地景,運用非常彈性的混合式土地使用管制與容積移轉策略,引入目標產業與開發公司。不像傳統的都市計畫劃定商業區、住宅區、辦公區的總量及位置,一旦都市計畫通過後就無法調整,這個園區的彈性規劃使高科技企業、公司與住宅單元、生活空間、小型商業活動得以自然發生於相同的區域內,並緊密融合在一起。

「沒有園區的園區」概念,都市更新在巴塞隆納的典型街廓內進行,不像傳統圍牆式的園區概念,沒有大規模拆遷及全面重建。左圖為更新前街廓,右圖為導入之都市更新,融入舊街區。

22@Barcelona 計畫區俯視圖。

為什麼要大費周章地發展出這種新舊結合的新模式？「做為一個規劃者，要找到城市的競爭優勢與贏的策略，」皮伽解釋，在全球化之下，城市競爭獲勝的關鍵是人才，「必須重新發現一座城市吸引人才的資產是什麼，並結合經濟發展，這樣才能吸引創意人才的進駐。」他認為，22@Barcelona 新舊結合的都市更新模式能保有這個城市的傳統特色，同時創造出符合高科技人生活方式的城市空間。

推動都市更新的新規定

在這個新舊結合的概念引導之下，22@Barcelona 提出在這個地區推動都市更新的新規定，也就是每一筆更新案必須符合：

1. 總開發樓地板面積至少 20% 做為目標產業使用。
2. 10% 的用地必須做為新型態住宅使用。
3. 10% 的用地必須做為新公共空間使用。
4. 10% 的用地必須轉換為綠帶。

這些規定確保了目標產業的進駐，形成高科技、網路、資通訊的群聚，也確保園區的住、商、產業活動得以混和，公共空間便利而多元。更關鍵的是條例的後三項，每筆開發回饋總計 30％的做法讓市政府有了籌碼，為往後無論是政府或私部門發起的更新案提供了談判的空間。

「我們直接舉辦競賽，鼓勵民間企業提出具有創意、又對城市有貢獻的開發案，」皮伽指出。政府能在招商過程中挑選規劃圖，甚至與開發者討論，從此掌握了更高的主導權。對於私部門的吸引力，不只來自於租稅的優惠，也包括土地取得的協助、友善產業環境的打造，都提高了業者進駐的意願。

臺灣最成功的新竹科學園區是一個將 653 公頃農地徵收後完整規劃、基礎設施完備的園區。這樣的園區開發模式在亞洲地區，尤其在中國廣被採納。但 22@Barcelona 這個計畫卻以完全不同的模式建立了一個高科技園區，反映出歐洲重視保存再利用的主流價值。

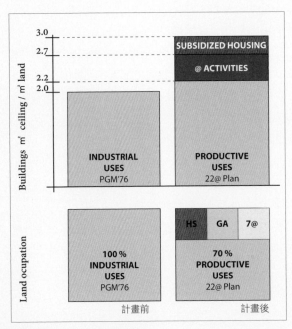

22@ 計畫前後的土地使用規則比較。

以資訊、通信產業帶動城市轉型

在全球所有城市都面臨劇烈競爭與產業升級的挑戰之時，巴塞隆納的這個計畫將舊城區轉型為生活、生產與學習合一的新型態園區。園區創造出高品質的都市空間與全新的都市型態，並且扮演了產業升級的策略性基地。巴塞隆納市政府是如何利用產業帶動城市轉型？

第一個關鍵是，知識經濟產業與創新科技產業的引入。民間自提的每筆開發案裡，都規定 20% 的樓地板面積必須提供做為「@ Activities」使用。所謂「@ Activities」是指資訊、通信相關的產業活動。領域涵跨研究、設計、出版、文化及多媒體、資料管理這些進階服務等非污染且不干擾其他活動的業種。資本額達到一定金額、投資時間達到一年的新創事業都能進駐園區，享有最多三年的租金優惠。

負責招商的馬佑說，22@Barcelona 園區內有一個協助業者的組織。參與其中的規定非常簡單，只要帶著你的護照，任何一個創業者就能享有這裡的公共設施，參加會員大會與各種說明會，與投資者、同業、上下游廠商面對面，直接切進產業鏈之中。

第二個關鍵是，成立專責開發公司負責 22@Barcelona 的營運。22ARROBA BCN（簡稱 22@）由市政府成立，負責整個園區的營運，最主要的任務就是@ Activities 的引入，並促進資訊、通信領域的發展及國際創業合作。公司計畫在前五年與中國、美國、韓國、墨西哥、巴西、印度、比利時建立了國際創業發展的橋梁，使巴塞隆納成為吸引全球科技企業聚集的國際創業區。為了緊抓新興的中國資金熱，22@ 甚至聘請了新加坡籍的中國事務專員，專門負責向中國招商。

同時，這個公司也企圖打造產、官、學三位一體的合作環境。2004 年推動的「全球企業家平台」由 22@ 與西班牙加泰隆尼亞理工大學（UPC）及 La Salle 大學共同建立，以協助新企業的育成及國際發展。這個平台已成功輔導 7 個育成及研發機構，包括 22@ 媒體園、22@ 國際信息技術園（ICT）、22@ 生物科技園、22@ 大學園、22@ 企業家園、22@ 科技園和 22@ 社會園。這 7 個機構已成為巴塞隆納的經濟引擎，吸引本地及全球企業、大學的高階研發人員入駐，並創立企業。

「這其實是一個很細緻的過程，」皮伽看著報告解釋，產官學的合作看似輕鬆，真正落實卻必須小心翼翼。各部門在不同階段扮演不同的角色，「扮演的角色一直在變換，若是角色不錯亂，就不會有好結果。」他進一步解釋，成功的關鍵在主動了解產業，並打造出貼近產業需求的聚落。從大學的引入開始，大型企業、政府產業發展部門、培育中心到博物館，只要是相關產業的上中下游，巴塞隆納市政府都主動邀請，還成立單一窗口進行招商。「最後，市政府也要懂得退場，」皮伽說，一旦火苗點起，政府的任務達成了，就要退居幕後扮演支持的角色。

從 2001 年到 2011 年的 10 年之間，22@Barcelona 已成功引進了 7,000 家公司，雇用 9 萬名員工，成功帶動巴塞隆納的產業轉型。

以資訊、通信產業組成的新興園區 22@，已從過去的舊工廠區轉而成許多創新建築林立的新興區域。

22@ 大學園願景圖。企圖打造產、官、學三位一體密切合作的環境。

城市基礎設施與服務軟體的實驗室

2000 年提出 22@Barceloan 計畫時，Poblenou 舊工業區的基礎設施已非常老舊。為了因應新興產業的需求，巴塞隆納市政府提出了一個非常有創意的設施提升方案（Special Infrastructure Plan），簡稱「SIP 計畫」。這個計畫包括：

1. 建立現代化的電力供給網絡，提供穩定的電力來源。這個系統加入了太陽能發電，完成後能提高 5 倍的電力供給。
2. 建立集中式的冷暖空調系統。完成後，能源效率可提升 40%。
3. 建立新的光纖網格，引進無線通訊新技術 PIT-CAT 的實驗。
4. 建立氣動式垃圾收集系統。

新系統的重點在於能源效率與自然資源再生管理，這樣的目標在歐洲並不稀奇，但巴塞隆納的做法，因為有了一項新措施而廣受矚目。

為鼓勵企業創新技術、研發新產品，22@Barcelona將整個園區所在的街區提供做為測試、驗證創新產品與創新服務的實驗場。這個政策，將整個園區化為一座城市基礎設施與城市服務軟體的實驗室。自2009年起，22@Barcelona與歐洲全球生活實驗室（Living Lab Global）合作，在巴塞隆納發起「創新服務」，向企業徵求提案。目標鎖定在能改善巴塞隆納城市生活、解決公眾需求的創新產品或創新服務。這些提案每年由歐洲全球生活實驗室評選出優選項目，獲選的方案由22@Barcelona出資，將提案的創新想法落實於園區及城市之中。這不只激勵了企業創新研發，也為改善都市的基礎設施及生活品質提供了創新的解決方案。

「這個做法讓業者的品牌及城市品牌都加分，」皮伽說，獎項的設立和將城市空間提供為實驗場，吸引業者踴躍參與。一段時日之後，全世界的潛在的買家及媒體都會對巴塞隆納投以更多的目光，也創造了商機。加乘效應之下，巴塞隆納將吸引更多新技術在城市中實驗，針對創新的技術，巴塞隆納市可率先買下應用在城市的基礎建設及軟體服務中，成為城市經營的先驅。

22@Barcelona計畫推動10年之後，這個設施新舊雜陳的舊區卻有歐洲最先進的理念及創新的實踐成果，區域內的基礎建設大幅改善。Media TIC是區內的公共媒體中心，創造了一個前衛、全新的建築原型，融合各種永續建築的新技術與監控系統。建築物的立面以薄膜、氮氣及微電腦感應器調節遮陽，原創的設計、新穎的造型獲得了2011年的「世界建築最佳設計」的殊榮。這棟建物正是在22@Barcelona這樣的創意環境中才得以產生，可視為22@Barcelona的象徵。

Special Infrastructure Plan（簡稱SIP）計畫是為了因應新興產業的需求而提出的基礎設施提升方案。

策略性規劃的思維模式

22@Barcelona 代表了巴塞隆納市政府的對科技創新及新城市空間原型的追求。另一個值得我們注意的是，市政府的策略性整合思考的傳統。

這種思維模式稱為「策略性規劃」，代表一種不同於官僚體系常見的藍圖式規劃及執行模式。策略性規劃的理念在歐洲的城市規劃領域很受重視，22@Barcelona 或是德國城市常見的國際建築展（IBA）都是典型的策略性規劃。策略性規劃與工業設計領域針對產品設計提出的「Final Image, Total Solution」的觀念，有著異曲同工之妙。參與製程的每一個成員，都了解產品希望達成的大致目標與意象，因此會一起朝向產品的完成而努力，目標明確。參與工作的每一個成員各有分工，卻試圖共同追尋統合的答案。在往目標前進的過程中，保持極大的彈性，不斷修正工作方法，只求目標的完成。

22@Barcelona 所希望達成的目標，傳統的藍圖式規劃絕不可行，因為計畫草創之初，並無法預知所有結果而畫出明確的藍圖。在 22@Barcelona 的範圍內，無法畫出何者為工業區、何者為商業區或住宅區。市政府知道，要達成的目標是引進特定產業，但必須融入原有的街廓紋理。各部門也必須在目標的規範下各自努力，不會受限於本位主義。這種策略性規劃所需的法制環境、預算編列彈性、公私部門的分工合作機制，在臺灣仍不具備。因此，策略性規劃是臺灣亟需引進的新觀念。

拒絕以房地產開發作為城市的發展策略

一路看著 22@Barcelona 從無到有的馬佑，在訪談最後回憶計畫擬定初期整座城市的辯論與掙扎。「負債讓許多人提出賣地的建議，但也是因為負債的經驗讓我們體認到長久之計的必要性，」他解釋，當時為了辦奧運而砸下的資本雖然完成了大規模的新區開發，卻沒有長遠的產業發展配套。這一次，官員吸取失敗經驗，試圖找出一個新的經濟引擎。「最幸運的是，因為我們沒有用房地產開發做為城市的發展策略，在泡沫經濟階段，就降低了炒作房地產的可能，」馬佑指出，許多歐洲城市，因為房地產炒作，短期內城市似乎發展快速，金融業帶進資金、豪宅更帶起房價，但在金融危機之後，城市的發展陷入極深的困境。

公共媒體中心（Media TIC），以原創的設計及創新的立面實驗榮獲 2011 年「世界建築最佳設計」的殊榮。

國立高雄大學創意設計與建築學系教授曾梓峰長期觀察歐洲各國的城市發展。他指出，面對城市開發，官員往往挑選速度最快、收入最多、執行方法最簡單的開發方式——出賣大面積土地或建築容積。短期內，似乎能為都市創造高額收入，「但是，本來可以用都市再生解決的社會問題、經濟問題，卻都失去了根本解決的機會。」22@Barcelona 若只是拿來做房地產開發，初期可能看到金額龐大的收入，卻也會錯失發展新興產業、增加就業的機會。城市未能引進產業，經濟部門或社會福利部門可能要付出更多的成本來創造經濟動能，補貼照顧失業人口，防範因失業造成的治安問題。Poblenou 22a 原是一個衰敗的工業區，搖身一變成為巴塞隆納近十年經濟發展的金雞母。曾梓峰表示，若從政府投資的整體成本效益來看，聰明的政府可以用都市更新解決許多都市問題，同時開源與節流。做為「出資」的納稅人，將是最大的受益者。

22@Barcelona 是西班牙最重要、也是全歐洲最有野心的都市再生實驗，在 2000 年獲得「歐洲最佳都市設計」的最高榮譽。雖然目前僅限於改造 Poblenou 地區，但是長期計畫是要讓 Poblenou 地區成為整個巴塞隆納發展的模型。22@Barcelona 創造的傳奇，不只是都市更新的成功案例，更是城市治理策略的新典範。（文‧劉致昕、陳雅萍）

東大門

流行服飾帶動都市再生

南韓已經從製造業國家成功轉型成為設計創新國家,從東大門的服飾產業可以看到韓國成功推動文創產業的策略及其全方位效應。首爾市政府抓住東大門鄰近區域快速成長的契機,結合產業轉型與觀光發展,透過都市設計與更新,創造了一個兼具歷史感與現代感,而且產業蓬勃發展的新都市核心。

在時尚流行圈，「首爾東大門」已是一個閃耀的名詞。到首爾旅遊的人幾乎不可能遺漏掉這個據點，對於血拚族而言，更是不能不到的聖地。

位於首爾市中心、已有 600 年歷史的東大門市場是目前亞洲最大的服飾批發及零售市場之一。以興仁門為中心形成的大型購物商場和服飾品批發區，統稱為「東大門市場」，其實包括東大門市場、東大門綜合市場、廣藏市場，以及第一和平市場等四個傳統市場，全區共有約 30 個商場、3 萬多家商店及 5 萬多家製作廠商，聚集了服裝設計、原料供應、生產加工及物流等相關行業。

東大門最著名的四棟大樓分屬四家百貨公司（CERESTAR、美利來、Designer Club、都塔），專售首爾在地設計師的服飾精品。這裡販售的商品與當季的流行結合，價格又接近批發價，所以吸引了在地及來自世界各地的消費者。東大門的服飾批發業最吸引人的是他們的設計師群、靈活的小批量生產方式、快速的交貨能力，以及合理的價格，構成整個市場的競爭優勢，每年營業額高達 2,700 億台幣。

東大門是朝鮮王國時期漢城東部的城門，原名興仁門。一九七〇年代，南韓地區興起的紡織業以代工為主，東大門地區聚集的服飾業還是以低價做為主要競爭手段。一九九〇年代初，給國際觀光客的旅遊指南「韓國手冊」這樣介紹：「東大門市場是絲綢買賣中心，迷宮般的小巷裡散布著數以千計的攤點店舖……。」雖然紡織品是南韓當時非常重要的輸出品，但是在全球服飾市場中南韓品牌是便宜貨的代名詞，東大門市場更稱不上景點。

要理解東大門如何崛起，得先從在全球化經濟下受到擠壓的南韓，如何將傳統產業轉型為創意產業的過程著手。如此，我們才能理解一個不掌握經濟政策的地方政府，如何透過商圈的功能性設計及產業的群聚規劃，成功整合區域性的紡織及服飾產業。這個商圈的成功不僅活化了周邊地區，更帶動整體都市更新而發展成為首爾的新城市中心。東大門的成功，緩解了首爾、甚至整個南韓紡織業在 1997 年之後的崩潰危機。韓國政府積極向全世界促銷東大門的流行風潮，也讓首爾及韓國服飾產業的世界地位提升至前所未見的高峰。

七〇年代於南韓興起的紡織業以代工為主，當時的東大門傳統
服飾業仍以低價做為主要競爭手段，但如今已完全轉型成功。

服飾產業的群聚整合與垂直分工

韓國的服飾流行產業已成功建立與世界時尚設計接軌的高檔形象，透過韓劇與流行音樂
的催化，在亞洲地區已廣為消費者接受。東大門的小型服裝加工業，都有自己的小牌設
計師。這些尚未成氣候但具有優秀設計能力的年輕設計師，可以立即吸收國際流行資訊，
有能力模仿並彈性配合生產線，在最短的時間內複製生產出當季流行風格的產品。因為
採取小量生產策略，不會因為量大而降低其設計價值。所以，韓國服飾產在台灣、大陸
或亞洲各主要市場，縱使售價高過在地產品，仍能獲得來自各地中盤商的喜愛。

東大門的服飾流行產業之所以能成功轉型，具備國際競爭優勢，有賴整體產業的群聚整
合與垂直分工：

1. 上層的時尚設計：業者善用年輕設計師的模仿能力，一年四季即時反應世界潮流，推出最新款式。透過每年舉辦大大小小的設計發表會，吸引國際目光，也建立了品牌地位。其中最著名的是從 2000 年開始舉辦的首爾時尚週（Seoul Fashion Week）。透過長期的努力，韓國時尚已在世界佔有一席之地，成為「國際名牌」。

2. 中層的生產製造業：因為首爾服飾的品牌定位獲得成功，首爾已發展為亞洲地區最重要的服飾批發市場。50% 的紡織業者和 83% 的批發業者都集中在首爾，形成群聚優勢。

在韓國政府的布局與產業界的配合下，東大門周邊商圈近年來發展蓬勃，成功帶動經濟發展。

3. 下層批發與零售業：幾座大型賣場由於集中且貨樣齊全，加上合理的價格，在「韓流」的文化促銷下，更讓年輕族群趨之若鶩。來自台灣、大陸、東南亞各國的批發商，到此批貨。由於賣場集中，所以省時而迅速。雖然整個首爾地區除了東大門以外，也有許多能吸引觀光客的百貨公司及大型賣場，但東大門的優勢乃在於集中、群聚與垂直分工。白天是消費者逛街購物的天堂，午夜過後成了批發下單、搶貨與供貨的戰場。

首爾設計基金會，培養設計人才的搖籃

設計人才的培養絕非一蹴可及，南韓在這方面的長期努力深耕所經營出來的軟實力，不容小覷。除了各級學校的設計相關科系之外，首爾設計基金會（Seoul Design Foundation）是最重要的產業設計專業人才的培訓機構。

首爾設計基金會是首爾市政府於 2008 年投資設立的獨立機構，除了負責東大門設計廣場與歷史文化公園的營運之外，更是韓國設計產業人才的教育訓練中心。基金會下設位於東大門本部的首爾設計支援中心（Seoul Design Support Center），以及分設在五個區的小型設計培育中心。這些中心專責協助包括紡織業在內的各種中小企業提升設計能力，發展創意產品，同時負責首爾各國際貿易展示中心的營運。

首爾設計支援中心的任務是提升中小企業的設計能力，服務範圍不只是流行服飾產業，從各式各樣的文具、家具、小型家電的產品設計到企業識別標誌，無所不包。因為中心可以找到如三星、LG 等世界級品牌的設計師來為中小企業提供諮詢，對於整體文化創意設計水準的提升成效有目共睹。

與紡織產業的合作

首爾設計基金會設立之初，紡織業的生存一直都是基金會關注的重點。當時，配合韓國政府的文化創意產業政策，以及早年由產業振興政策所成立的首爾產業通商振興院（Seoul Business Agency, SBA）的需求，基金會從世界各地找來服飾流行時尚大師級的師資，規劃設計訓練課程，提供給招募來的學員。訓練後的設計人才，由基金會媒合提供給企業。

首爾設計基金會的任務

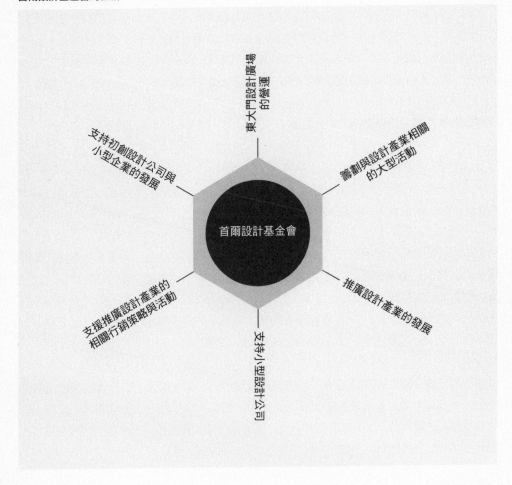

設計人才有了實務及發揮的機會,不用擔心技術被埋沒,業者也不需要負擔長期培養設計師的費用。

在金融風暴之前,大部分的紡織業者並不認為有自創品牌的必要,長期代工就足以讓他們豐衣足食。不景氣之後,紡織廠接不到訂單,一家接著一家倒閉,整個產業面臨崩盤

危機。當時的金大中政府提出「設計南韓」的概念，業者也沒有人相信會真的成功，只是抱著姑且一試的心態參加了政府舉辦的訓練計畫。在政府的協助下，業者把自己的產品帶到國外參展，開始有了訂單，這些紡織廠才相信產品設計水準的提升有可能是紡織產業的出路。從此，業者配合政府參與相關設計提升計畫的意願大為提高。當時基金會雖然尚未成立，但是負責規劃訓練計畫的團隊（Design Strategy Business Team，2009 年由首爾產業通商振興院分出，併入基金會），其實是基金會設計技術的重要基礎。韓國流行服飾產業成功轉型的過程中，在設計技術的提升上，基金會佔有極重要的地位。

在設計產業的創業協助方面，首爾市政府為配合南韓產業政策的整體規劃，率先於 1998年成立首爾產業通商振興院，以培養時尚、數位內容、研究與設計、會議和商業服務等各種戰略性產業。2000 年在東大門所設立的首爾時尚中心，除了主辦每年的首爾時尚週外，另設有時尚創作工作室、時尚支持中心，提供設備完善的創作空間給具有設計潛力但經濟條件不足的新人設計師，設備包括模型 CAD 室、共用縫紉機室和展覽室等，從設計企劃到生產、營銷等階段，都有完整的支持服務。

除了設計能力外，產業間的合作鏈結也是發展重心。就生產技術方面，韓國政府把紡織材料、染色加工和服裝設計做為三大戰略部門。從優化結構、提高效益的目標出發，精心規劃了紡織服裝業的地區分工，包括建立毛衣技術中心和染色技術支持中心；在大邱和慶尚北道地區重點生產化纖織物；在釜山重點生產毛織品；在忠清南道重點生產提花織物；在全羅北道重點生產針織品；在全州重點生產絲織品等。

韓國政府的布局與產業界的配合，有效地整合了紡織業產業鏈的垂直分工，大幅提升批發業的高效能接單能力，最後反映在東大門的競爭優勢上。

來自世界各地的批發商，在東大門的門市挑選到中意的產品款式後，就可以在現場下單並指定需要的改變，而批發商馬上就能透過電話或電腦連線，發出訊息給設計師及生產商，讓外國客戶在下單三天內，收到完整的生產藍圖，一週內收到產品，效率驚人。

東大門服飾產業的成功，其實背後的產業長遠布局與文創產業發展策略是最重要的基礎。整個產業聚落的形成，透過垂直分工，構成了流行服飾業的生產競爭力。而設計能力的

提升、自創品牌的企圖，則是產業轉型升級的關鍵。綜觀韓國服飾業之所以能成功營造出國際形象，追本溯源，實與南韓整體文化創業產業政策息息相關。這一政策也讓南韓的各項娛樂事業，從獨占遊戲產業龍頭到流行音樂、偶像劇、電影產業等，共同形成韓流，同時也是東大門的服飾產業成功的重要因素。

東大門結合觀光資源帶動都市再生

東大門地區原本指的是 1970 年建造的體育館，以及周邊四、五層樓舊建物構成的街區。一九九〇年代末期，首爾市政府進行第一波的都市更新，將整個地區規劃為容積率較高的商業區。在 4 棟以流行服飾為主的百貨大樓興建後，群聚效應開始發酵，業務量激增，批發零售業與服飾進出口業不到幾年後已經超出了原本東大門市場的範圍，擴散到清溪川兩側的店面。

韓國的文化創意產業政策

1997 年席捲全球的亞洲金融風暴，南韓受到沉重的打擊。當時的總統金大中於 1998 年提出的「設計南韓」戰略，使南韓得以脫胎換骨。此一戰略逐漸發展成韓國文化創意產業政策，其主要重點措施有：

1. 1998 年金大中與英國首相布萊爾共同發表「二十一世紀設計時代宣言」，向國人宣示設計在國際競爭中的重要性後，南韓開始積極與義大利、美國合作引進設計技術與人才。
2. 1998 年成立遊戲產業振興中心及 IT 產業振興院，強化遊戲軟體產業、數位內容產業。
3. 1999 年舉辦「第一回產業設計振興大會」，宣示南韓要在五年內達成設計先進國的「設計產業願景」。
4. 1999 年通過「文化產業促進法」，明定協助文化、娛樂、內容產業為國家重要政策，成立「文化產業基金」提供新創文化企業貸款。
5. 2001 年「世界設計大會」在首爾舉行。南韓政府與業界共投資約 100 億韓圓，在東大門區設立「南韓設計中心」。全國經濟人聯合會也成立「產業設計特別委員會」，產、官合作投注資源，提升產業的設計水準。
6. 2001 年成立文化產業振興院，強化動畫、音樂與卡通產業。

2005 年清溪川整治完成後，成為首爾的新觀光景點。市政府重新規劃從岸邊到市場間的步道與交通系統，讓東大門的周邊區域整合更加完整。

東大門在服飾業轉型成功之後，帶動了整個區域的經濟繁榮與商業空間的需求成長。首爾市政府在後續的政策上，更將東大門的集客效應與知名度轉化為觀光資源。東大門已不只是一個流行產業的基地，而是周邊地區都市再生的引擎。

由於購物人潮的集中，首爾市政府展開清溪川整治及相關的街區更新計畫。2005 年清溪川整治完成後，成為首爾的新觀光景點，市政府陸續在河岸舉辦各種服裝與時尚秀，並重新規劃從岸邊到市場間的步道系統，讓逛街購物的人潮可以在踏出捷運後一路瀏覽清溪川的景緻，輕鬆步行到東大門街區。

在整個區域環境有了完整連結後，2007 年市政府進一步提出東大門歷史文化公園計畫，試圖重新找回東大門的歷史意義，並且強化首爾的設計產業競爭力。這個計畫將東大門運動場，包括足球場、棒球場，重新規劃、改建為歷史文化公園。在 2009 年 10 月 27 日開放了首爾城廓與二間水門東側設施，做為市民遊憩休閒的都市空間。在工程進行中，

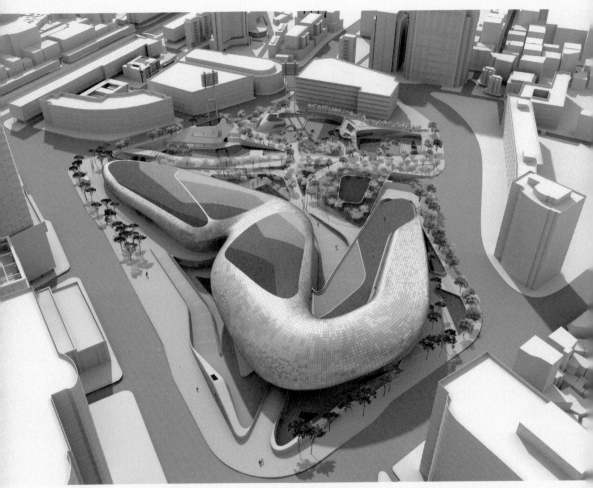

國際知名的英國女建築師札哈哈迪負責設計的東大門設計廣場，是東大門歷史文化公園內的新亮點，勢將成為首爾新地標。

東大門運動場舊址發掘出文化遺址,因而設立了兩所文化遺物展示館,更增添這個地區的歷史感。

東大門歷史文化公園內的主要亮點將是東大門設計廣場(DDP),由國際知名英國女建築師札哈哈迪(Zaha Hadid)負責設計。建築師將東大門的歷史、文化與產業環境融入其空間與建築設計中。以流線與曲面構成的非對稱新穎造型,勢將成為首爾的新地標。

東大門設計廣場的建築總面積約三萬坪,地上4層、地下3層。整個空間由首爾設計基金會企劃與營運,其任務是提升韓國的設計水準,支援韓國的設計產業。東大門設計廣場的內部設有多功能展示大廳、以設計為主題的展覽館、設計博物館、設計體驗館、設計未來館、資訊教育中心、設計資源中心,以及數位資源庫等設施。開放後可以常年舉辦與設計相關的國際會展、推動國際設計網絡,並開辦支援各產業別與設計師的訓練課程。根據首爾設計基金會的規劃,東大門設計廣場將成為韓國創意產業與設計產品的營銷平台。全世界最新的時尚潮流資訊將集中於此,再傳播到世界各地。

提升設計國力的總成績單

首爾於2010年獲選為「世界設計之都」,這對一個在不久前仍與臺灣一樣同為世界主要代工國家而言,在短短的十餘年間完成產業轉型,實屬不易。

「世界設計之都」由國際工業設計協會(International Council of Societies of Industrial Design,ICSID)舉辦,每兩年由全球申請參賽的城市中評選出設計產業最有發展潛力的城市為「世界設計之都」。活動所要表彰的乃是經由設計來改善城市的環境、經濟、文化發展等面向,讓居民享受到更優質的生活。「設計」在這種角度下,已經不只是建築、工業或商業的產品設計,而是透過設計思考,拋開既有形式的束縛,以服務都市居民為中心的改造過程,是一種對於都市發展的整合創新運動。獲選世界設計之都的城市將以「設計之都」的頭銜,辦理一系列的慶祝及城市行銷活動,打響設計之都的城市品牌。這些活動都是讓設計工作者站上世界舞臺的好機會,對於提高產業或設計專業的曝光度有極大幫助。

首爾獲選「2010 年世界設計之都」的城市品牌效應

1. 《紐約時報》在該年將首爾列為「2010 年 10 大最值得探訪（must see）的城市第三名」。
2. 英國最具有影響力的設計雜誌《Wallpaper》將首爾列為「Wallpaper 2009 最佳城市設計獎」的 5 個候選城市之一。
3. 首爾 2010 年的世界城市競爭力排名，從 4 年前的第二十七名跳升至第九名。
4. 首爾因為獲選 2010 世界設計之都，而順利獲選為聯合國 UNESCO 創意城市網絡的「設計之都」。
5. 政府執行 114 項城市工程，大幅提升市民生活品質，並提升市民設計意識。
6. 據首爾自身統計，獲選 2010 年的世界設計之都，首爾城市品牌效益達 8,900 億韓圓（296 億台幣）。
7. 設計產業產值明顯提升，總產值由 2005 年的 7 兆韓圓，成長至 2010 年的 15 兆韓圓。

資料來源：臺北市政府世界設計之都網頁

首爾能在「世界設計之都」的競爭中脫穎而出，仰賴的是十餘年來長期努力累積的成果。其中，關鍵正是首爾兩位前後任市長對設計理念的重視。李明博整治清溪川有成，並以此登上總統寶座，繼任者吳世勛在 2006 年的就職演說中就提出「DESIGN SEOUL」的概念，以全方位的設計理念來提升首爾的競爭力及品牌形象。

「世界設計之都」的城市品牌效應非常驚人。首爾市的文化創意與設計國力，彷彿一夜之間便獲得世界先進國家的認可。國際主要媒體爭相報導首爾的各項成就，國際知名度大增，城市的正面形象確立。首爾的設計師更因此獲得躋身各種國際設計舞台的入門票。

首爾東大門的服飾產業在這種城市氛圍下集中發揮設計創意，從傳統代工轉型為品牌的輸出，也就不難理解。首爾市政府抓住東大門鄰近區域快速成長的契機，結合產業發展與觀光發展，以無比的魄力，透過都市設計與都市更新，創造了一個有歷史感、有現代感，而且產業蓬勃發展的新都市核心。

二十年前在亞洲經濟風暴下奄奄一息的首爾市，能有今日都市再生的成果，實在難以想像。中央政府的文化創意產業政策，以及兩任市長持續以提升創意產業與設計能量做為城市的主要發展策略，才能有如此成就。

東大門發展的成功關鍵，正是產業、文化與空間政策的深度整合。從工業產品到都市的設計，韓國以整個國家的力量投入深耕，經過短短十餘年的努力之後，設計和創新在韓國已經不只是口號，而有了令人艷羨的成果：從製造業國家成功轉型成為設計創新國家。從東大門的服飾產業，我們可以看到推動文化創意產業成功的全方位效應。東大門這個都市再生成功的案例，是韓國轉型成功的一個切面，其中透露出的各種政策發展脈絡，特別值得臺灣的我們深入研究與參考。（**文·劉鴻濃**）

第21個故事——臺北 URS

林崇傑　臺北市都市更新處處長

2010 年 2 月，市府在王俊雄教授的協助下，邀集了國內大專院校的同學與臺日港三地的專家學者，在中山北路旁的中山配銷處——這個荒廢許久的廢倉庫，啟動了城市精華區裡一個老廠房除了地產價值之外，可以扮演功能的再思考。在引動社區居民的參與中，歷經顏忠賢教授帶領下的「壞迷宮」計畫、劉維公教授（現為臺北市文化局長）與台灣好基金會的「中山區創意漫遊」計畫，經過一年半的社區互動，一個對老倉庫的共同想像逐漸成形。2011 年 9 月，「URS 21」正式開始運作，並從而引動了城市創意社群間的連帶波動效應。

臺北，正在型塑一種不一樣的城市發展模式，八〇年代的都市設計行動奠立了城市形貌發展的規範，現在她需要面對城市競爭、創造一種年輕活潑的創意氛圍。從發展想像、型塑願景、行動引導、開放包容、到彈性調適，在保持彈性因應、強調共識、不求速成的價值觀下，不斷地邀請社區與各界專業人才協同發展城市真實議題的探索與回應。URS（urban regeneration station/ 都市再生前進基地）正是臺北作為推動城市轉型的開路先鋒，它採行以「都市針灸術」（urban acupuncture）的概念，以引動地區活化、產生自我動能為行動目標，每個 URS 都是針對所在地區的特性設定發展方向，同時以開放、自由、包容、尊重的態度引發社會各種不同領域的朋友參與，在交叉互動、互為融滲的作用下，逐步引動所在地區自體發展的充沛能量。

2010 年 5 月 8 日在迪化街歷史街區中開啟的 URS 127 是臺北的第一個 URS 基地，由 4 個年輕建築團隊與 1 個小劇團進駐，在傳統街區中埋入了第一個潛藏火種。迪化街區是臺北少數僅存的歷史街道，1988 年因為早期城市規劃的道路拓寬計畫，引發了臺灣最早的街區保存運動，歷經十餘年的爭議，終於在 2000 年確認新的都市計畫，保留了傳統的街屋型態。在新都市計畫的都市設計審議控制與容積移轉制度的運用下，十餘年間具體地保護了老街區的傳統建築形貌，但在街屋保存之下，一個雖然仍保有傳統批發商業活力的街區，卻潛藏著許多的焦慮不安。在城市其他地區嶄新型態的商業空間之競爭及城市人生活方式的逐漸改變，迪化街區傳統的藥材、南北貨、布業與茶米生意都在逐漸流失競爭力，城市裡的人們也逐漸淡忘這個歷史街區。這裡需要一種新的能量、新的作為。

迪化街區並非一個沒落蕭條的街區，它有著極為強烈的在地傳統產業性格，在地商家住民的本質仍是家底雄厚的殷商子弟，街區的轉型活化不宜以大型錨定計畫介入，也無法以異地經驗移植複製模式產生，它必須來自街區自己的認知與自我的調適，從而發展出立基於在地特質的發展模式。在民風自恃的氛圍中，第一階段的

URS採以刺激想像、支持創意、創造機會的策略，企圖以觸媒機制引發街區生活的再思考。於是乎許多跨越各種領域的合作活動在此產生，從建築、設計、攝影、音樂、社會等各個層面的異質介入與跨域結合，不斷吸引外在的眼光與周邊商家的注目，不到半年，URS 127 就被時尚媒體報導為當年最為火熱的地點與最適合拍攝

都市再生基地 URS127 所舉辦的社區拼桌對話

婚紗照片的地方，賡續並為港澳日韓旅遊媒體主動報導。這個在傳統街區中引動許多外在的興趣與內部的好奇之行動，後續促成了許多新的未來想像並因而逐漸在地方萌生發芽。

繼 URS 127 之後，URS 44 以歷史資源重新詮釋與再度啟發為宗旨、URS 155 以帶動年輕世代與在地居民遇合為目標，迪化街逐漸產生一種變化：新的年輕企業家懷抱著對大稻埕的社會想像，以傳統產業全新面貌投入如小藝埕、民藝埕；或以時尚產業配合傳統形貌潛入歷史街屋，如尊爵；原有住戶商家開始整理街屋開放街區對話，如臻味茶苑。然後，在這些外在的牽引與內部的轉化之中，良性善意的擾動開始產生，更多的觀光客與文化導遊的參與，以及諸多紛紛投入的各種城市活動，逐步點燃歷史街區的火花。2012 年 8 月，URS 27 開始在迪化街外的延平北路上開啟以影像紀錄反思街區歷史並探索未來的行動，將迪化街區的發展能量擴展至大稻埕地區。跟著諸如天湛樂、黔天下、簡單喜悅、福來許等許多與在地特色接軌，並發展出複合商業與工作室型態的獨立店家一一出現。一個以地方特色為基礎，面對當代生活為基調的城市轉型，在迪化街這個歷史街區中正逐步發生。

這是一個正在進行中的轉型社會，此地傳統產業依然強勢，在地年輕人也開始思考家族商業轉化的可能，外來尋求落腳歷史街區創造新時代意象的企業家也絡繹不絕，當然房屋租金也悄然隨著詢價而上漲，而在地傳統產業的新出路仍然在不同年齡層世代之間辯論。URS 做為一個引動在地商家住民自覺與外來市民參與投入的觸媒機制，它創造了一個城市發展的新模式，對歷史街區而言，URS 的開放、尊重與實驗性格，已然引動了一個街區自覺振興的正向能量。

2010 年 6 月，URS 27 在華山大草原啟動「快樂樂台」計畫、2011 年 8 月 URS 27 的「台北那條通」系列行動、2011 年 10 月 URS 13 在南港瓶蓋工廠的「遊樂園」計畫，讓 URS 成為啟發觀念探索、觸動議題想像的城市行動，也讓更多城市平台資源得以接觸互動，不斷拓展連結孳生新的合作契機。在行動中發展動能，在實驗中探尋機會，許多城市行動的精進與創新計畫的產生，例如 Future Lab（明日工作坊）、Next Play、Space Share（空間資源共享計畫）、老舊市區的願景工作坊（share vision）、老屋改造大作戰等就是在這樣面對城市真實議題與思考城市既有資源的對應中產生。

在持續實驗之中，URS 做為一個都市行動的啟動引擎，不斷開展城市發展的可能

面向;它也在不停地搜索聯結之中,尋求合作網絡建立新的機會。身為一個開放平台,它提供了一個網路世界概念下,自體繁殖衍生,互為支持奧援的開放系統。在開放包容的基本態度之下,不斷邀請多元面向的城市人才參與,在開放論述的城市價值之中,城市發展的面向也變得複雜多元而好玩有趣。

URS 的行動拓展仍然沒有界線,未有終局,也不拘泥於任何一種發展形式。做為引動臺北邁向一個具有創意能量、創意氛圍的創意城市,URS 仍然是一個發展中的城市論述與城市行動。然而,2009 年起至今的城市連環引動,臺北確實看到了一種新的城市想像,一個新的城市故事書寫。

URS155 都市再生基地以 cooking together 為主題,推廣分食共好的創作觀念

謝誌

本書的完成，有賴以下人士與單位的鼎力協助，特此致謝 _____

Uli Hellweg, IBA_HAMBURG Managing Director

Wilhelm Schulte, Free and Hanseatic City of Hamburg, Ministry for Urban Development and Environment Director-General

Tanja Mühlhans, Berlin Government, Senate Department for Economics, Technology and Women's Issues Coordinator, Creative Industries Initiative

Ares Kalandides, INPOLIS UCE GmbH Managing Director

Janet Merkel, Social Science Research Center Berlin

Vicente Furiö Guallart, Ajuntament de Barcelona, City Habitat Executive Chief Architect

Josep Miquel Piqué, Ajuntament de Barcelona, Director Strategic Sectors

J.J.M. (Zef) Hemel, City of Amsterdam, Physical Planning Department Deputy Managing Director

邵啟興——舊金山 SPUR 董事

Helen L. Sause——舊金山 SPUR 董事

余浩揚——舊金山都市重建委員會 SFRA 前主席

Tiffany Bohee——舊金山都市重建局 SFRA 局長

Linda Lucero, San Francisco, Yerba Buena Gardens Festival, Executive/Artistic Director

朴賢燦 Hyun-Chan Bahk——首爾研究院 The Seoul Institute 研究員

金秀顯 Soo-hyun Kim——首爾大學都市計劃系前系主任

徐鐘均 Jong-Gyun Seo——首爾都市與環境研究公社 Korea Center for City and Environment

Seuol Housing——首爾住宅公社

韓國纖維產業聯合會　Korea Federation of Textile Industries

首爾設計基金會　Seoul Design Foundation

林芳慧——Regional Director at AECOM Hong Kong

張聖琳——臺灣大學建築與城鄉研究所副教授

何芳子——財團法人都市更新研究發展基金會顧問

康旻杰——臺灣大學建築與城鄉研究所副教授

黃麗玲——臺灣大學建築與城鄉研究所副教授兼所長

曾梓峰——高雄大學創意設計與建築系副教授

張桂林——前經建會住都處處長

圖片版權所有 Image Credits

都市
再生
的20個
故事

LONDON
NEW YORK
HAMBURG
SEATTLE
BARCELONA
SEOUL
SAN FRANCISCO
BERLIN
AMSTERDAM
TOKYO

20
Stories

出版／發行	臺北市都市更新處
總策劃	林崇傑
地址	10074 臺北市中正區羅斯福路一段 8 號 9 樓
電話	＋ 886-2-2321-5696
網址	http://www.uro.taipei.gov.tw/

企劃	台灣建築報導雜誌社
主編	林盛豐
撰稿	劉致昕　駱亭伶　史書華　劉鴻濃　紀瑀瑄　陳雅萍
編輯	王慧雲　陳雅萍
校訂	吳建旺
設計	王廉瑛

地址	臺北市大安路二段 141 巷 21 號 2 樓之 1
電話	（02）2754-8176・2754-5013
傳真	（02）2707-6711
網址	http://www.ta-mag.net/
國內總經銷	聯華書報社
地址	103 臺北市重慶北路一段 83 巷 43 號
電話	（02）2556-9711

初版二刷	2014 年 1 月
定價	400 元
ISBN	978-986-03-9222-7

國家圖書館出版品預行編目 (CIP) 資料

都市再生的20個故事 / 劉致昕等撰稿 . -- 初版 . -- 臺北市 : 北市都市更新處 , 2013.11
面；　公分
ISBN 978-986-03-9222-7(平裝)
1. 都市更新 2. 文集

445.107　　　　　　　　　　　　　　　102024348